U0340175

黄土丘陵沟壑区微地形特征及植被配置

薛智德　著

中国林业出版社

图书在版编目(CIP)数据

黄土丘陵沟壑区微地形特征及植被配置／薛智德著. – 北京：中国林业出版社，2016.5
ISBN 978-7-5038-8520-4

Ⅰ. ①黄… Ⅱ. ①薛… Ⅲ. ①黄土高原 – 丘陵地 – 沟壑 – 微地貌 – 研究②黄土高原 – 丘陵地 – 沟壑 – 森林植被 – 研究 Ⅳ. ①P942.407.4②S718.54

中国版本图书馆 CIP 数据核字(2016)第090994号

责任编辑：李　伟
出版　中国林业出版社(100009　北京西城区刘海胡同7号)
E-mail　forestbook@163.com　电话　010 – 83143544
网址　lycb.forestry.gov.cn
发行　中国林业出版社
印刷　北京中科印刷有限公司
版次　2016 年 5 月第 1 版
印次　2016 年 5 月第 1 次
开本　787mm×1092mm　1/16
印张　10.5　彩插　4 面
字数　230 千字
印数　1～1000 册
定价　38.00 元

前　言

目前全球植被正在面临面积锐减、质量下降、生物多样性减少、生态环境功能减退等问题，由此产生一系列环境问题，如水的问题(森林破坏造成水土流失、水旱灾害、水资源分配失调)、土的问题(土资源减少、风蚀荒漠化、盐碱化等)和大气问题(森林破坏造成空气污染、温室效应等)。由95个国家、1360余位学者参与的千年生态系统评估(MA／Millennivm Ecosystem Assessment)国际合作项目，2000年~2005年调查研究后，对全球各类生态系统进行综合的、多尺度评估。评价结果认为：在过去50年中，人类已经极大地改变了生态系统的状况，60%的生态系统服务已经退化；生态系统的变化已经给人类带来了惠益，但是其成本会越来越高，而且会给实现环境方面的目标造成威胁；生态系统的退化可能会愈来愈严重，但是这一趋势是可以被扭转的；只有在政策方面进行重大调整，才会在扭转生态系统退化方面取得真正的成效 (Synthesis Team Co-chairs：Steve Percy，Jane Lubchenco，2005；Walter V. Reid，Harold A. Mooney，Angela Cropper，Doris Capistrano，2005)。中国是世界上生态环境恶化最严重的国家之一，由此带来的灾难性后果日趋明显和严重。世界银行农村发展部中国和蒙古司负责人于尔根弗格勒指出："中国北方土地干旱和沙漠化现象正在加剧，土壤退化影响到中国1/3的土地，中国存在全世界最严重、也可能是最危险的水土流失问题。"(王礼先，2004)治理生态环境是摆在中国政府面前不容忽视的首要课题。例如黄河流域水土流失面积43万 km²，占全流域面积的48%，年流失泥沙16亿 t，中上游黄土高原地区占80%。由于长期过度的经济活动，天然植被遭到中强度干扰，世纪之交，不但加重了水力侵蚀，而且由风力引起的沙尘暴频繁袭击中国北方地区，沙尘暴过程已经影响到长江以南，形成扬沙或浮尘天气。为解决或缓解这些矛盾，中国政府坚持以人为本的方针，确立并实施以生态建设为主的林业发展战略，建立以森林植被为主体的国土生态安全体系和山川秀美的生态文明社会，作出实施六大林业重点工程：天然林资源保护工程、退耕还林工程、京津风沙源治理工程、三北及长江中下游地区等重点防护林工程、野生动植物保护及自然保护区建设工程和重点地区速生丰产用材林基地建设工程。这些工程的不断实施，对改善生态环境起着重大作用。然而随着各项工程的不断深入，困难立地占工程区面积比例不断增加。中国黄土高原地区面积为62.38万 km²，境内沟壑密布，长度在1km以上的侵蚀沟达30万条以上，沟壑密度达1.3~8.1km/km²。黄土丘陵沟壑区占黄土高原总面积70%，其沟壑面积占30%~55%。黄土区干旱少雨，蒸发量大，十年九旱，干旱是该地区的基本气候特征，而侵蚀沟坡度多在35°以上，植被稀疏，是黄土区的主要侵蚀产沙源和输沙通道，恢复和重建侵蚀沟的植被对于改善黄土区生态环境，防治水土流失具有重要意义。但侵蚀沟干旱瘠薄，植被恢复与重建困难，已成为该地区林业生态工程建设的典型困难立地。黄土干旱阳坡困难立地自然条件更加恶劣，生态系统脆弱，是林业生态工程建设的"硬骨头"，土壤侵蚀造成坡面破碎，浅沟、切沟等微地形遍布其中，根据微地形环境特征，配置合理的植被结构是目前中国黄土高原半干旱丘陵沟壑区植被恢复的科学问题之一，只有按照微地形条件配置适宜的植被类型，才能真正做到"适地适林（草）""适地适群落"，才能快速、高效、稳定地实现生态恢复。所以，适应微地形特征的植被配置等技术研究迫在眉睫。

薛智德
2015 年 8 月于西北农林科技大学

目　录

第1章　立地学研究进展

1.1　森林立地学研究进展

1.1.1　国外森林立地学研究概况

广泛的土地分类出现于罗马，Cato(公元134~139年)为了土地交易的需要将土地分为9级，其中用材林占中间位置。1795年Hartig根据林相将林地划分为上、中、下3个类型评定林地生产力。1872年Blomquist依据土壤坡向和植被将芬兰分为3个生长地带，每个带中分为3个立地级。1893年E. Raman(德国)在编著《森林土壤学和立地学》中最早提出森林立地概念(刘建军，1994)。由于人们的认识和客观自然条件的不同，分类所遵循的基本原则也大相径庭，其分类方法各有千秋，研究报道都带有区域性的特征(顾云春，1993)，没有形成全球性的分类方案。目前各种森林立地分类和质量评价体系并存，概括起来有3个方面：植被途径(植物途径和林木生长效果途径)、环境因子途径和综合途径。这3种途径往往互相渗透、互相影响、分类术语相互借用，但表达的物理意义相近或不同。

1.1.1.1　植被途径

(1)植被组成和结构及其指示植物途径。植被的种类组成、结构和生长状况是环境条件的综合反映。芬兰Cajander第一个把稳定群落看作立地分类的基础，将立地定义为：具有相似立地质量与相近下木组成的成熟林和同类立地的不稳定林分(惠特克，1985)。

芬兰学者A. K. Cajander(1879~1943)从斯堪的纳维亚半岛和西伯利亚植物种类、地形、地貌均较单调的情况下创立的芬兰学派，通过稳定的植物群落，特别是下木组成所反映的立地条件来确认生态系统类型。系统共有3个级别：立地型纲[芬兰森林分为干旱和贫瘠的(石楠灌丛)、泛滥湿地、泛滥而肥沃(阔叶林)、潮湿肥沃(盐税的森林)、潮湿而贫瘠(沼泽林)5个纲]、立地型(主要根据优势下木植物种或优势种组加以识别)、林型(主要根据优势种确定)。芬兰学派的研究区域为高纬度地带的原始林，对苏联苏卡乔夫学派有过很大影响。

苏卡乔夫晚年对林型所下的定义为：林型就是树种组成、其他植物层次和区系微生物界、气候、土壤、水文条件、植物和环境之间的相互关系，生物地理群落内部和外部的物质和能量交换，更新过程和演替趋向均相同的森林地段的联合。该学派认为：林型是最基本的分类单位，生境类型相同的林型可合并为林型组，每个林型组中有一个典型林型，林型组之间也有联系，形成逐渐过渡的关系。此学说也强调植物与环境之间的关系，在林型命名中反映了这一思想。苏卡乔夫分类方案属于外观分类方法，可以用遥感影像大面积识别，与植被分类资料之间可以互提信息，在世界各国有很大的影响，也是 20 世纪 50～60 年代在中国占主导地位的学派。显然这种方法在原始林区能通过群落较好地反映立地的差异，而在次生林区、无林区，群落对立地没有很好的指示意义，所以很难或不能用这种方法进行立地分类。

Hodgkin's 根据 Braun-Blanquet 覆盖度-多度级编制了美国长叶松林地指示植物谱，依据指示植物的多度就可以从谱中查出林分立地指数对林分和土壤生产力进行评价（斯波尔 S H，1982）。个别指示植物作为区分立地类型的依据，在复杂和干扰多的林区很难实施，20 世纪 70 年代更多的是采用生态种组的方法，凡生态要求相似的指示植物归入一个生态种组，然后根据生态种组区分生态系统。生态种组在立地单元野外鉴别和制图中具有重要作用（Burton V Barnes，1982；Pregitzer，1984；Kurt S Pregitzer，1984），1985 年 Spies（Thomas A Spies，1985）指出，单纯依靠生态种组划分立地单元不如综合应用生态系统各组分精确，也比不上立地因子的分类。所以，采用植被特征进行立地分类和质量评价存在许多局限性。

（2）林木生长效果途径。同一树种在不同立地上生长有明显差异，因此人们很早就开始以林木生长量指标进行立地分类和质量评价。1797 年 Spath 以不同年龄的树木立方米材积绘制生长曲线；1824 年 Hundesha-gan 和 Huber 根据指示林分平均木树干解析编制成第一个标准收获表，1923 年美国林协委员会曾确认材积生长量是立地质量的主要度量方法，并建议为生长良好的云杉林制定收获表；1981 年 Bjorn Hagglund 提出用立地特性直接表达蓄积生长量的函数，但是由于材积（蓄积）生长量除与立地特性有关外，还受到林分密度、经营措施等影响，因此生长量不能确切反映立地特性。相对而言，树高能反映生境生产木材的能力且受林分密度的影响较小（詹昭宁，1981），Baur 开始使用立地级这一术语，并用树高代替材积（蓄积）进行生产力评价。立地级（site class）是一定年龄的林分按其平均高划分的等级，反映出林地生产力的大小，可为立地分类提供尺度，这种方法广泛应用于原苏联和东欧国家的林业生产中。20 世纪初期，立地级的概念传到西欧和北美，1926 年 Bruce 在编制南方松的收获表时抛弃常用的立地级，采用了一定年龄的优势木平均高度作为衡量立地的指标，逐渐产生了立地指数（site index）。1957 Mclintock 和 Bickford 在研究美国东北红果云杉异龄林分的立地质量时，认为同一林分中优势木的高度和胸径间存在敏感关系，规定优势木在一个标准的胸径达到的高度作为立地指数，使立地指数在异龄林内得到应用。1967 年 Frier 指出用同一立地指数曲线族预测树高发育和进行立地分类是不合适的，其后许多学者相继根据解析木资料建立了多形立地指数曲线，取代了单行导向曲线编制的立地指数，提高了立地指数的预测精度（骆期邦，1989）。总之，立地级和立地指数都是根据植物生长状况直接评价立地条件与土壤生产力，为准确地划分立地类型提供科学依据，但它们不能应用于无林地，也不能深入地反映立地的自然属性。

1.1.1.2　环境因子途径

在相对一致的气候条件下，土壤对森林生产力有决定性的作用，常被作为立地分类划分的重要依据，日本 20 世纪 60～70 年代制定的林业土壤分类系统将发生学分类与土壤水分及肥力性质结合，预测不同树种的生产力（叶德敏，1987）。20 世纪 80 年代，西方发达国家首次提出土壤质量（soil quality）（张海林，2002），用作物产量衡量土壤生产力。1994 年 Doran 和 Parkin 认为土壤质量是生态系统边界内保持作物生产力、维持环境质量、促进动植物健康的能力（Doran J W，1994）。就是土壤肥力质量、土壤环境质量和土壤健康质量三个即相对独立又有机联系组分之综合集成，包括土壤物理性质、化学性质和生物性质三大基本内容，但是第 2 和 3 级指标的选取分歧仍很大（Brookes P C，1985；Pennock D J，1994）。目前国内外土地质量定量化评价仍然采用评分法、分等定级、综合指数、聚类分析和层次分析等方法，土壤质量动态变化评价采用多变量指标克里格法（Multiple Variable Indicator Kriging）、土壤相对质量指数评价法、土壤质量综合评分法和土壤质量动力学方法。

1.1.1.3　综合途径

通过对气候、地形、土壤、植被的综合研究，进行森林立地分类和质量评价。森林可以看做是林分（林木）和环境的统一体，森林立地分类以立地为基础，而植物种是立地最好的指示者，指出评定生境肥力的基本标准是林分、乔木树种及其他植物。在分类系统和分类单位上，根据土壤养分水分条件划分立地条件类型，根据立地条件类型的气候差异确定林型，以林分优势种组的相似性划分林分型。

乌克兰学派代表人物博格莱勃涅克（П. С. Погребняк）的分类方案以两个坐标为基础：土壤肥力（养分）的变化和土壤湿度的变化。并划分为 6 个湿度级（极干旱的生境、干燥的生境、潮湿的生境、湿润的生境、重湿的生境和森林沼泽）和 4 个养分等级（极度贫瘠的土壤、比较贫瘠的土壤、比较肥沃的土壤和肥沃的土壤），组成 24 个林型，该法在确定土壤养分和土壤水分等级时并不需要土壤的分析数据，而是根据指示植物来判断。乌克兰学派的林型比苏卡乔夫的"林型"大得多，它包括稳定林型也包括一系列演替阶段的群落；同一林型的不同演替阶段或不同的建群种的林型界定为林分型，林分型是最小的分类单位，相当于苏卡乔夫分类的"林型"。林型和林分型采用土壤养分水分等级加森林类型命名。乌克兰学派最大优点是适用于有林地和无林地；分类的主要依据是土壤养分和土壤水分两个因子。但是它无视了生态因子的多样性，而且在干扰严重的地区编制一套指示植物名录也很难，20 世纪 50~60 年代在中国有一定的影响，但不如苏卡乔夫学派影响大。

1926 年 G. A. Kranss 提出巴登-符腾堡分类法，1946 年德国的巴登-符腾堡州森林研究站首先采用这种方法。通过两个阶段区域性生态单元生长区的划分（生长区域、生长区、生长小区）和立地类型划分，立地类型（立地单元）是根据地形土壤因子（土壤质地、结构、土层厚度、持水量）、小气候、上层木和下层植物的局部地方性差异勾绘。各种立地单元都有其代表性种群，同一立地单元的造林潜力、林木生长速度以及树种生产力都是相同的，主要以地形、土壤和植被命名。Barnes 认为森林立地分类，必须以现代生态学和生态系统理论为基础，综合来自地理、土壤和植被等方面的信息，并完整地表达它们之间的关系，提出森林立地分类的生态学方法和生态系统分类的概念，1984 年借鉴巴登符腾堡系统中的地域分类方法，分别完成了美国上密执安地区 Sylvania 和 Mc Cormick 实验林的地域生态系统分类。

以伊瓦什介维奇（Б. А. ИваШкевич）和柯列斯尼科夫（В. П. КОлесников）为代表的 6 级

分类系统为：森林群系—地貌林型总体—气候群相—林型组—林型—林分型。该学派也十分重视森林演替，每一演替阶段有不同的建群种，其中每一阶段为一个林分型，相当于苏卡乔夫学派的"林型"。

1.1.2　国内立地学研究概况

19世纪50~60年代，中国森林立地研究和应用最初引用前苏联专家的林型学说，以后又引进瑞士学派和英国学派。1954年林业部在开发大兴安岭林区调查中，引用苏卡切夫的林型方法，对兴安落叶松、白桦等主要树种以指示植物为分类特征，共划分为18个林型［林型就是在树种组成、其他植被层的种特点，动物区系，综合的森林植物生长条件（气候、土壤心土和水文），植物与环境之间的相互关系、森林更新过程和更替方向都相似，而且在同样经济条件下要求采用同样措施的森林地段（各个森林生物地理群落）的综合］。1956~1958年中国科学院林业土壤研究所（现应用生态研究所）对小兴安岭林区南坡林型进行分类；1958~1959年林业部森林综合调查队对云南金平县和广东省海南岛热带林区的常绿阔叶林调查时，提出以地貌、土壤、乔木树种组、下木等因子划分林型。

20世纪50年代普遍应用立地级表（罗汝英，1983；詹昭宁，1981），分别编制了西南地区天然云杉、冷杉和云南松的立地级表；东北小兴安岭天然红松立地级表；西北地区天然天山云杉及南方天然杉木的立地级表。骆期邦等（1989）用立地指数和年龄为解释变量的杉木多形标准蓄积量收获模型，取代了传统的单形导向曲线编制的立地指数表，克服了蓄积量受林分密度及经营措施影响的弊端，且便于树种间的比较和选择。对于具有轮生枝的针叶幼树，利用传统的立地指数曲线误差，在确定幼林年龄的误差会大大降低立地指数的准确性，许多学者利用生长截距法的研究（利用所选定的早期树高生长估计立地质量，从而消除了基准年龄的限制）。树种间立地指数比较与转换评价研究在立地质量评价中占重要地位，研究了包括环境因子在内的多元数量化松—代换模型，并与标准蓄积量联系起来，统一评价了杉木-马尾松的立地质量，解决了有林地与无林地统一评价的问题。

在无林地的立地分类方面，19世纪50年代北京林学院等单位合作，根据乌克兰学派的学说，结合华北地区的情况，提出了一个华北石质山地立地条件类型表。这个表分为两个梯度，将水分分为极干旱（旱生植物覆盖率＞60%）、干旱（旱生植物覆盖率＜60%）、适润（中生植物）和湿润（中生植物有苔藓）4级（以0，1，2，3表示），土壤肥力分为瘠薄土壤、中度土壤和肥沃土壤3级（关君蔚，1957；林业部造林设计局，1958）。这种分类方法虽然依据土壤水分和肥力来划分，但却要求以指示植物作为判定不同水分和肥力等级。由于我国的原生植被都已经被破坏，植物的指示作用较难判断，所以未能在实践上行得通。1958年林业部调查设计队在华北平原划分森林植物条件类型的主导因子使土壤质地、地下水位、盐渍化程度，把冀北山地亚区按照主导因子为坡向、土层厚度、海拔高划分为6个森林植物条件类型。

1959年北京林业大学研究了河北、山西等省次生林区的林型，认识到立地条件变化比森林植物群落变化稳定，提出以立地条件类型作为划分森林的基本单位，这样便与无林地立地条件类型划分方法取得一致，并将陕西省太岳山灵空山林场的中山地带划分为 6 个立地条件类型和 13 个林型。1959 年中国科学院林业土壤研究所根据杉木的树种特性、森林植物条件和人为措施 3 个要素，提出杉木人工林 4 级分类系统，其中第二级林型组主要是根据坡度和坡位，第三级林型根据土壤条件（土壤厚度、土壤质地、土壤腐殖质）划分。有林地与无林地立地条件类型划分逐渐趋于统一。

19 世纪 70 年代后期，引入联邦德国巴登-符腾堡州森林生态系统分类技术，它强调物理立地因子与生物因子之间相互作用关系，在综合各种立地因子分析基础上，对每个因子作出合理评价后，根据大气候、地质差异将州划分为 7 个生长区，生长区内根据气候、母质、土壤和植被的小差异划分生长亚类，亚类内再根据地形、土壤因子（质地、结构、土层厚度、持水能力、PH 值）、小气候、上层林木和下层植物等方面差异再细分为立地单元。

1979 ~ 1982 年吉林省林业勘察设计院将吉林省的造林地划分为东西两片，各片根据各自的环境条件特征，选择各自适宜的划分因子。例如东片采用 3 级分类系统：造林类型区（根据气候、土壤、地形、水文、植被以及林业发展方向基本相同，划分为 2 个造林类型区）、立地类型组（按照坡度划分为陡坡组、斜坡组、平缓坡组、谷地组 4 个）、立地条件类型（按照坡向、土类和土层厚度划分为 12 个）。1980 年贵州农学院在提出划分立地类型的"岩性—地貌—土壤"方法，采用岩石—地貌—土壤的山地类型组合以表达"生态因子的综合效应"。例如杉木立地类型分类系统包括以中地貌控制立地类型区，以岩性控制立地类型亚区，以地形部位划分立地类型组，以土壤和腐殖质层厚度划分立地类型。1981 ~ 1983 年北京林学院主持的"黄土高原立地条件类型划分和适地适树研究"，按照全国气候区划、植被区划、土壤区划和林业区划实行控制，把黄土高原区划为 5 个森林植物地带、12 个地貌类型区和 125 个立地条件类型（黄土高原课题协作组，1984）

20 世纪 80 年代后期，国家林业局把立地分类的研究列入"七五"规划科技项目的首位，各地分别开展区域立地分类的研究。1986 年林业部资源司组织全国立地分类南北方两处试点，对森林立地理论及其实践进行全面深入探讨，拉开了中国森林立地分类研究的序幕。通过具体试点，将立地分类的 7 项原则具体化，并在原来拟定的分类系统中的立地亚区和立地类型组之间增设了立地类型小区一级，将立地类型高级单元（林业区划单元）与低级单元巧妙地衔接起来，因为立地亚区是地域相连的，立地类型组是地域不相连的，立地类型小区是相对成片但不相连的一些小地域，在立地亚区内可以重复出现，虽然采用区的名称，但是不是区划单位，而是分类的类型小区。即形成完整的 6 级分类系统，前 3 级是区划单位，后 3 级是分类单位，自高级向低级依次为立地区域、立地区、立地亚区、立地类型小区、立地类型组和立地类型。1989 年"中国森林立地分类"课题组编著出版了《中国森林立地分类》一书。1989 年开始，历时 5 年的《中国森林立地类型》研究对新中国成立积累的立地类型资料全面整理、系统归纳、科学分析。完善健全了中国森林立地分类系统；借鉴计算机和现代数学方法，建立了比较成熟的划分立地类型单元技术理论和现代方法；以主要立地类型为示范，建立了立地类型为单位的立地生产力评价体系（王永安，1996）。1995 年"中国森林立地类型"课题组编写了《中国森林立地类型》专著，提出了一个全面科学的 6 级森林立地分类系统，逐级划分出 8 个立地区域（site area）、50 个立地区（site region）和 166 个立地亚区（site sub-region），归纳了 494 个立地类型小区（site type district）、1716 个立地类型组（group site type）和 4463 个立地类型（site type）（中国森林立地类型编写组，1995）。这一时期的特点是：从单因子分类转向多因子分类；从定性分类与定量分类相结合，转向定量分类；从有林地划分林型、宜林地划分立地类型，转向有林地与无林地统一同时划分立地类型，进行立地质量评价，并在生产实践中应用（张康健，1996）。

　　20 世纪 90 年代以后，随着个人计算机和各类数理计算软件的普及和推广，"3S"技术应用到立地分类方面（张晓丽，1998；余其芬，2003；张雅梅，2005；秦国金，2003）。以定量立地质量评价与立地类型划分为主体，完善了立地领域在调查设计的立地定量分类和评价应用体系，是立地类型研究延伸到立地资源的控制（保护、经营、收获、监理和反馈）系统，包括立地区划、评价、分类、造林类型设计、立地经营、产量收获评价信息反馈等，形成了一门独立的学科——立地学（陶国祥，2005）。

1.2　定量立地评价与分类研究

　　国内外有林地定量立地评价是随着林型学的发展而发展起来的，评价的方法按照采用的指标分为测树学方法和立地因子评价法。

1.2.1　测树学评价

　　对于大多数树种来说，立地质量高，树高生长快。用年龄与林分平均高编制地位级表即立地级（site class）；其后采用立地指数，如单形立地指数曲线、多形立地指数曲线。Wakely 曾提议以胸高以上 5 年的生长间节为自变量，以立地指数为因变量建立直线回归方程，对于幼林来说这种方法很有用。在无林地可用间接方法推算立地指数，通常的做法是，用相同地区有林地的资料，以立地指数为因变量，立地要素为自变量，采用逐步回归、数量化方法 I、灰色建模等数学方法建立预测预报模型，根据立地因子（海拔、坡度、坡向、坡位、坡形等地形特征；土壤厚度、腐殖质厚度、养分含量、石砾含量、紧实度、土壤水分、酸碱度、砂粘粒比重、孔隙度、容重等土壤特性；干燥度、辐射强等气象因子）来估计立地指数。单位面积上的总收获量是对立地好坏最好的客观评价，编制木材收获量表可对立地进行科学合理的划分。

1.2.2　立地因子评价法

　　立地质量的直接评价方法是测定土壤等立地因子各项理化性质，对比不同立地类型的理化性质进行分类定级；间接方法是以立地要素作为自变量，以林分生产力为因变量，通过回归分析来预测生产力。常采用数量化理论 I、逐步回归与模糊评判等。

　　赵彬（1996）采用主成分分析法对西藏鲁朗森林立地 66 个标准地调查实测材料分析，选取海拔高度、坡度、坡向、土层厚度、土壤质地、石砾含量、土壤有机质含量 7 个因子,共划分出 8 个森林立地类型。

李世东等(2005)调查研究国内外相关文献,对其分区指标进行频度统计分析,根据分区的目的和原则,结合研究区特点,从自然、经济和社会 3 方面选取指标,构建不同区划级别的预选指标集。利用逐步回归法建立初选指标因子与主导因子相关系数,进行指标筛选,利用层次分析法,在专家打分的基础上,经过分析运算,确定指标因子权重。构建出退耕还林分类指标体系。最后确定以土壤种类、坡向(阳坡、半阳坡、半阴坡、阴坡等)、坡位(山脊、上坡、中坡、下坡、平地等)、坡度、海拔、主要植被和植被覆盖度为主要因子。应用数量化理论,对各个小班的调查数据进行了指标数量化,同时赋予指标权重。以统计分析软件 Matlab 为平台,运用层次分析法和系统聚类分析法(HCM)进行立地分类,最终采取两级立地分类体系,即立地类型组、立地类型。

秦国金(2003)依据生态学原理,运用系统工程方法,建立立地类型层次分析结构模型,将有关的理论和经验转换成数据,分析立地条件如何作用于生态因子,从而影响林木生长,建立立地层次结构系统发生学的分类体系,进行森林立地划分。

肖化顺利用粗糙集理论(rough set)(肖化顺等,2005;袁智敏等,2005),在研究区内选取与立地因子关系最密切的树高因子为决策属性,以海拔、母岩、坡度、坡位、土类和土层厚度作为条件属性;决策属性动态聚类和各条件属性值域离散化后,建立立地类型分类决策表,计算决策属性的依赖度及其相对约简,得到马尾松林分立地类型的分类因子为土层厚度、坡位和母岩。

马明东等人(2006)应用多元线性分析、逐步回归分析、主分量分析和数量化理论(Ⅰ)4 种数学方法,定量比较分析了云杉分布区、地貌、土壤和植被类型等 11 个生境因子与地位指数、林分蓄积量、乔木层生物量、林分生物量 4 个生产力指标,结果表明 4 种数学方法均可用于生境条件分类因子的筛选,且尤以数量化理论(Ⅰ)法较为直观,可揭示生境因子间对生产力贡献大小,结合聚类数量分类,提出云杉产区的生境区(大地貌)、生境组(植被型)、生境型(局部地形)、生境类型级(土壤)5 级分类系统。

1.3 土地评价和适地适树研究

1972 年联合国粮农组织(FAO)在《土地与景观的概念及定义》文件中界定,土地包括地球特定地域表面及其以上和以下的大气、土壤、基础地质、水文和植被,它还包括这一地域范围内过去和目前人类活动的种种结果,以及动物对目前和未来人类利用土地所施加的重要影响。

土地评价是以不同土地利用为目的,估价土地潜力、土地适宜性、土地经济价值的过程。2500 多年以前就有关于土宜的记载,如《管子·地员篇》中指出:"凡草木之适,各有谷造",它是世界上最早的土地评价系统。据《禹贡》记载,夏大禹治水后,曾按土色、质地、水分等将九州土地划分成九等，依据肥力制定贡赋等级。还有美国 1933 年提出斯托利指数分级和康奈尔评价系统，法国财政部 1934 年《农地评价条例》，德国 20 世纪 30 年代的土地指数分等。

FAO 于 1972 年 10 月在荷兰的瓦格宁根举行了国际专家会议，对土地的概念、土地利用类型、土地评价的方法与诊断指标等进行了讨论，并于 1976 年颁布了《土地评价纲要》。1977 年 FAO 又组织了农业生态区计划的研究，从气候和土壤的生产潜力分析入手进行土地资源承载力评价，并在非洲、东南亚和西亚实施应用。1981 年美国提出了"土地评价和立地评价"系统。参照 FAO 的土地评价纲要，结合中国实际，20 世纪 80 年代初拟订了"中国 1∶100 万土地资源图分类系统"，该系统分为土地潜力区、土地适宜类、土地质量等、土地限制型和土地资源单位五个等级。1992～1996 年加拿大生态经济学家 Willam Rees 和他的学生 Wackernagal 提出生态足迹(ecological footprint，简称 EF)，此概念通过估算维持人类的自然资源消费量和同化人类产生的废弃物所需要的生态生产性空间面积大小，并与给定人口区域的生态承载力进行比较，来衡量区域的可持续发展状况(蒙吉军，2005)。

按照评价目的，土地评价可分为：潜力评价、适宜性评价、利用可持续性评价、土地经济评价和生态评价。现在土地评价表现出综合化、精确化、定量化三个特点，根据土地评价的目的，选择相关的土地性质，并根据它们的重要性分别给定一定得分值，按照一定的数学运算得到总的土地性能指数；最后，将这些数值进行划分，并与一定的土地质量等级联系起来，对土地质量等级做出评定(倪绍祥，1999)。

德国有世界最早的加减法土地评价系统，$P = A + B + C$，式中：P 为分数或指数，A、B、C 等为地形、土壤和其他环境要素。1924 年 R. Fackler(R. 法克勒)选择了 9 项自然和经济性质，规定最高分级总分，以此为标准对土地作出等级评定。1934 年德国政府制定国家标准"基准数"100，地点在马格德堡(Magdeburg)附近的比肯多尔(Backendorf)标准区；希耳德斯海姆(Hildesheim)标准区，某一地区与此标准地不同，则从评价纲要规定的数值中加分或减分，土地的评价用相对于上述国家标准的百分数表示(即耕地指数或牧场指数)。得到地块产量指数(面积 ×耕地指数/100)。

1962 年罗马建立起了土地评价加减法系统。首先编制"一致性生态区域：包含一种土壤类型，处于某一特定的地形和气候性质变动范围之内"(Homogenous Ecological Territory，简称 TEO)，然后分别按照其对于 24 种常见作物的适宜性每个 TEO 打分(0～100)，最后根据其他环境因素(温度、降水、坡度、地表水和地下水等)通过加减修订。

1993 年美国 R. E. Storie 采用"斯托利指数"(Storie Index Rating，SIR)对加利福利亚使用的土地质量进行分等，经过 10 次修订，1944 年修订后的计算公式如下：

$$SIR = A \cdot B \cdot C \cdot X \tag{1-1}$$

式中：SIR——斯托利指数；

　　A——土壤剖面特性；

　　B——表土质地；

　　C——坡度；

X——其他因子(排水、侵蚀危害、养分水平)等。

每个因子均用百分比打分，最后结果也用百分比表示。只要规定一定的等级范围，就可以将指数转化为类别体系，对土地作出等级评价。

波兰学者斯特尔泽姆斯基(M. Strzemski)对斯托利指数改型：

$$P = A \cdot (P_s \cdot P_c \cdot P_r \cdot P_a)^{1/2}$$

式中：P_s，P_c，P_r，P_a——土壤、气候、地形、水分四个因素的分值；

　　　A——农业技术系数，根据试验结果确定。

1950 年、1951 年、1957 年 G. R Clarke(克拉克)土壤剖面指数 P：

$$P = V \cdot G = \left[\sum_{i=1}^{n} (D_i \cdot T_i) \right] \cdot G \tag{1-2}$$

式中：P——土壤剖面指数，与小麦产量有一定比例关系；

　　　D——土层厚度评分；

　　　T——土壤质地评分；

　　　G——排水因素评分。

1951 年加拿大提出评价指数 X：

$$X = (A1 + A2 + A3)B(C1 + C2 + C3 + C4) \tag{1-3}$$

式中：A——土壤剖面 100 分(土壤质地 40、土壤结构 30、土壤自然肥力 30 分)；

　　　B——地形 100 分；

　　　C——其他 100 分(气候 25 分、土壤盐渍度 25 分、土壤含石量 25 分、土壤容易受到风蚀的趋势 25 分)。

1971 年由莱斯(H. Lieth)在迈阿密讨论会上提出的以年平均降水量 p(mm)和年平均温度 t(℃)预测生物生产力 Y[g/m² · a)]的一种模型，即迈阿密模型(Miami Model)。

$$Y_1 = \frac{3000}{1 + e^{1.315 - 0.119t}} \tag{1-4}$$

$$Y_2 = 3000(1 - e^{-0.000664p}) \tag{1-5}$$

1972 年 H. Lieth 和 E. Box 在加拿大蒙特利尔国际地理(纪念 Thornthwaite)大会上提出的通过蒸散量 E(mm)模拟陆地生物生产量 P[g/m² · a)]，桑斯维特模型(Thornthwaite memorial Model)：

$$P = 3000 [1 - e^{0.009695(E-20)}] \tag{1-6}$$

1977 年 Kassam 根据一定区域的纬度、日照持续时间、作物生长周期、叶面积指数、生长起始月份、收获月份和生长季节月平均温度得到地区特定作物的潜在最高产量 Y(kg/hm²)。称为农业生态区域法(Agro-Ecological Zones Project)。

当 $Y_m > 20$ kg/(hm² · h)时：

$$Y = CL \cdot CN \cdot CH \cdot G \cdot [F(0.8 + 0.01Y_m)Y_0 + (1 - F)(0.05 + 0.025Y_m)Y_c] \tag{1-7}$$

当 $Y_m < 20$ kg/(hm² · h)时：

$$Y = CL \cdot CN \cdot CH \cdot G \cdot [F(0.5 + 0.25Y_m)Y_0 + (1 - F)(0.05Y_m)Y_c] \tag{1-8}$$

20 世纪 80 年代 M. R. Moss 提出修正的潜在净土地第一性生产力 $ANPP^{*}$

$$ANPP^{*} = ANPP \cdot PI \tag{1-9}$$

$$NPP = 3000\left[1 - e^{0.009695(E-20)}\right] \tag{1-10}$$

$$ANPP = \frac{1}{100}\sum_{j=1}^{m}A_j^{*} \cdot V_j^{*} \tag{1-11}$$

$$PI = \frac{1}{100}\sum_{i=1}^{n}A_iV_i \tag{1-12}$$

式中：$ANPP$——修正的潜在净土地第一性生产力$[g/(m^2 \cdot a)]$；

　　　NPP——桑斯维特纪念模型获得的潜在第一性生产力$[g/m^2 \cdot a)]$；

　　　E——年平均蒸散量（mm）；

　　　PI——土壤性状指数；

　　　n——土壤类型数；

　　　A_i——i 类土壤所占面积的百分数；

　　　V_i——i 类土壤等级值；

　　　A_j^{*}——每一类土壤类型占生态区总面积的百分数；

　　　V_j^{*}——每一等级 NPP 值的中值。

陈光伟（1994）用经验方法选定 8 项常见土地参评因素（坡度、土层厚度、水源保证率、涝害灾害、土壤侵蚀、土壤质地、土壤养分、裸岩率），按照限制性强度从小到大分成 6 级，分别为 0、1、2、3、4、5，还选择了 3 项非常见因素（海拔、冷泉、日照条件），限制性分为 2 级 0、2；土地质量指标用土地利用限制因素强度之和 Y 表示。最后将之划分为不同的等级，确定土地对农林牧利用的质量等级。

$$Y = \sum_{i=1}^{n}X_i + \sum_{j=1}^{m}Z_j \tag{1-13}$$

程伟民等（1994）等采用土地评价单元的总分值，对海南旅游地等级评价。

$$A = \sum_{i=1}^{n}P_iA_i \tag{1-14}$$

式中：A——参数因子指数和；

　　　P_i——第 i 个评价因子权重（专家咨询法）；

　　　A_i——第 i 个评价因子得分；

　　　n——评价因子数。

宋延洲（1983）选取坡度、土层厚度、障碍土层、人口密度、土壤质地、土壤肥力、地表岩性、水源保证率和改造程度共 9 种参评因素，并对它们进行 8 级划分。9 种因素对于土壤质量影响的大小排序成 a_1，a_2，a_3，a_4，a_5，a_6，a_7，a_8，a_9（不同的地貌区域，土地参评因素的排列次序也是不同的），设一等地 a_1 的指数为 100，8 等地 a_1 的指数为 0，按照等差数列通项公式 $a_n = a_1 + (n-1)d$，得到 $d = -a_1/(n-1)$。求出每等地的 a_1 值。然后，在以每等地的 a_n 为 0，用同样的方式求出每等地 a_2，a_3，a_4，a_5，a_6，a_7，a_8，a_9 的指数，它们之间成等差关系。每等地的各参评因素的指数相加，即为该等地的质量综合指数 p。相邻两等地的质量综合指数平均值为其指数范围的界限，据此确定任何土地评价单元的质量等级。

张巧玲等（1984）采用回归分析法，对江苏省宜兴市传崩镇水稻用地土地进行适宜性评价。用 3～5 年平均单产作为因变量 Y，把 12 项土地评价因素 x_1，$x_2 \cdots x_{12}$ 作为回归方程的自变量（地面高程、水源保证、渗排能力、沟渠路建设、耕层、质地、容重、总孔隙度、有机质、障碍层次和 pH），建立回归方程 $Y = bo + b_1 x_1 + b_2 x_2 + b_2 x_3 + \cdots + b_{12} x_{12}$，复相关系数愈接近 1，表明回归总体效果愈好；$F$ 检验中的值大于等于查表值，说明因变量与所有自变量之间总的回归效果显著。然后采用 t 检验法对评价因素重要性作出评定，剔除次要评价因素，接着建立新的回归方程（保留了有机质、非毛管孔隙、土壤质地、沟渠路配套、水源保证和地面高程 6 项因素），为了消除各评价因素量纲差异，计算标准回归系数 $b_i{}'$ 和评价因素的权重 P_i（保留评价因素的权重为有机质 15.1、非毛管孔隙 14.0、土壤质地 10.4、沟渠路配套 25.3、水源保证 17.2 和地面高程 18.0），确定评价因素的级位指数（a_i）并通过评价指数 A 的计算（$A = \sum a_i P_i$）进行土地等级的评定。回归分析不仅可以筛选参评因素，突出主导因素，而且还可以用数学的方法确定参评因素的权重，提高了评价的科学性。

AHP 法是一种多层次权重分析，逐层排序，最后根据层次总排序结果进行规划决策的措施，宋玉祥等（1997）曾应用此法对内蒙古兴安盟旅游地进行 4 个层次的旅游资源定量客观的评价。胡伟（1990）采用灰色关联度对福建省沙县夏茂镇土地评价；昌纬（1983）采用模糊综合评价法对河南省禹县山区丘陵地土地质量进行评价。苏平（1998）适地适树指标量化决策时，根据决策（判定）标准、决策因子（环境立地因子）和命题（树种决策），应用概率法、极值法及条件指数法对适地适树作以初步研究选择，然后采取差异显著性检验作最终决策。

美国最早开展立地质量代换评价研究，为一些树种建立了树种间的地位指数代换评价方程（Carnman，1975）。骆其邦等（1989）利用环境因子的多元数量化进行地位指数转换评价，建立了松—杉转换模型。仲崇淇等（1990）利用标准化地位指数表进行立地指数代换评价，刘明国（1994）采用数量化地位指数方法实现了辽西河滩地小青扬、北京扬、小叶杨等多种类间的立地质量代换评价。

王红春等人（2006）提出了适地适树"适宜度"的概念和分级，根据对立地因子的选择与标度的分析，提出了简易实用的单因子适宜度快速判定准则、多因子综合快速判定方法，为森林经营规划和设计的适地适树快速判定提供了一种实用方法。综合判定值计算公式中 p_i 为第 i 个生态因子的相对重要性，x_i 为第 i 个生态因子的适宜度。

$$x = x_1^{\varphi_1} \times x_2^{\varphi_2} \times \cdots \times x_n^{\varphi_n} \tag{1-15}$$

李福双等人（2006）采用模糊数学方法，借用隶属度（林木对各种主导因子的适宜程度）的概念，建立"地"与"树"相统一。以单一主导因子为单位，考虑主导因子中不同类目的差异情况，而不考虑其他主导因子的交互作用，在小兴安岭带岭林区六十四种立地类型组合中，最后得出红松、落叶松、樟子松、云杉和硬阔组（水曲柳等）五类不同树种适宜的土地类型组合。张春锋（2007）在城市绿化树种选择中，将 40 种树作为灰色系统，根据城市绿化生态效益目标，构建理想的参考树种，然后用加权（各生态指标加权系数）关联度的大小选择适宜的绿化树种。

陶国祥(1991)以数理统计的误差理论和模糊相似优先比理论为基础，将杉木生长区35代表村镇的年平均气温、≥10℃积温、最冷月均温、无霜期气象因子，与固定一个村镇样本的对应因子两两相比后，确定相似误差和排序，以序号和最大样本为1，分别确定样本的综合比，综合比越小，适宜性越强。并分为杉木速生亚区、适宜亚区和一般造林亚区。

$$R_{ij} = \frac{C_{kj} - C_{ij}}{C_{kj}} \tag{1-16}$$

$$r_i = \frac{\sum c_i}{C_o} \tag{1-17}$$

式中：C_{ij}——选择地气象因子值；

$\qquad C_{kj}$——固定地气象因子值；

$\qquad R_{kj}$——相对误差；

$\qquad \sum c_i$——各点因子序号和；

$\qquad C_o$——最大之序号和；

$\qquad r_i$——综合比。

陶国祥(2005)在研究杉木、秃杉、华山松、柚木等树种气候区划中，用模糊数学贴近度划分最适宜区、适宜区和不适宜区。

立地质量分析、立地分类和土地评价是复杂的系统工程，影响指标繁多，且不同指标影响程度不同，这就需要确定指标权重。指标权重确定的方法归纳起来有定性方法如专家咨询(Delphy)法和定量方法[层次分析法(AHP)、回归分析法、灰色关联度法、投影寻踪回归技术等]。投影寻踪回归技术(Projection Pursuit Regression)，简称PPR，它是一种用于处理和分析高维(尤其是来自非正态总体的)观测数据分析方法，基本思想是把高维数据投影到低维子空间上，通过极小化某个投影指标，寻找能反映高维数据结构或特征的投影，从而为研究高维数据提供线索(盛建东等，1998)。

1.4 微地形研究

1.4.1 微地形分类

国外(Kikuchi T，2001；Nagamatsu D，Miura O，1997)将微地形分为顶坡(crest slope，CS)、上部边坡(upper side slope，US)、谷头凹地(head hollow，HH)、下部边坡(lower side slope，LS)、麓坡(foot slope，FS)、(flood terrace，FT)以及谷床(river bed，RB)7个单元。浅沟是黄土高原地区普遍存在的一种主要的侵蚀微地貌类型。我国对浅沟的形成、发育和分布特征有比较全面科学研究(张科利，1991；姜永清，1999；唐克丽，2000；郑粉莉等，2006)。

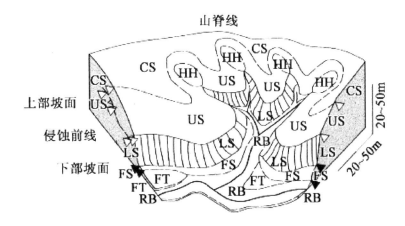

图 1-1 丘陵地区微地形区分模式图 *

Fig. 1-1 The schematic diagram of the micro-landforms in a hilly area

＊引自杨永川．浙江天童国家森林公园微地形与植被结构的关系．生态学报，2005．

1.4.2 微地形特征

杨永川等人(2005)在地形识别的基础上，结合详细的植被调查，分析了浙江天童国家森林公园不同微地形单元物种组成及其林分结构的变化，基于物种组成相似性，把 7 个微地形单元归为 2 组，依据物种在这 2 个小尺度地形单元的分布格局，划分出 3 个特征种组。潘学标和龙步菊(2005)用多个热敏电阻温度计对准格尔旗五道敖包坡梁地不同坡位离地面30cm、80cm 和150cm 的气温进行测定和分析，李艳梅、王克勤、陈奇伯等(2005，2008)通过定位观测和对比试验，对云南干热河谷典型地段改造后微地形如水平沟、水平台土壤水分动态变化规律和土壤水分运动参数进行研究。马宝霞、李景侠(2006)研究发现多样性指数随海拔的变化没有明显的变化趋势，但指数值有很大波动，而且随着海拔的上升，波动程度减小，说明植物物种多样性与生境条件有很大的相关性。宋述军(2006)和廖咏梅(2004)等在研究了植物或植物群落与地形的关系，分析了坡度和植物种类对微地形形成的影响，表明坡度越大，沉积物堆积高度越大，微地形越明显，不同植物之间微地形有明显差异。

1.5 科学问题与展望

自美国学者 Clements 提出生态过渡带之后，1989 年布达佩斯召开第七届 SCOPE 会议上，重新确认了生态过渡区的概念，脆弱生态环境领域的研究愈加活跃(王让会等，2000)。美国学者(Daniel D Evans, et al., 1981)探讨了荒漠生态系统的脆弱问题，俄罗斯学者(Kovshar A F, et al., 1991)认为脆弱生态区环境容量低下，抵御外界干扰能力差、容易产生陡坡山地的滑坡及泥石流、干旱地区的沙尘暴、江河流域的洪涝灾害等，敏感性强，稳定性差，自然恢复能力差，生态一旦退化，恢复难度极大等特征。

黄土丘陵沟壑区森林草原过渡带是在中国 5 个典型脆弱生态区之一的"北方半干旱农牧交错脆弱生态区"的一部分。该区干旱少雨，蒸发量大，暴雨频发，植被稀疏且群落演替缓慢，水力侵蚀作用不仅把黄土高原变成各种侵蚀沟，而且把坡面分割成不同碎块，形成变化多端的微地形地貌如浅沟、切沟、洼地、陡坎等，这些微地形通过对降水再分配、调节降水入渗和土壤蒸发等作用，使微地形上植被生长量和土壤含水量产生差异，植被恢复过程中，传统的立地条件类型划分与造林已经不适应林业建设的要求，迫切需要研究微地形的特征，解决微地形科学合理的植被配置问题。

微地形特征及其分类研究要应用生态学的方法，从地理、土壤和植被方面，逐层确定分类的因素集；而生产实践需要的分类必须是简明扼要的，因此。筛选主导因子，并采用综合评价研究必不可少。现代的数学方法（如逐步回归法、层次分析法、聚类分析、粗糙集灰色聚类评价）等和计算机（软件包）手段完全可以解决这一难题。目前多因素综合评价方法日趋成熟，受人为影响作用越来越小。例如在指标权重的确定方面，投影寻踪回归技术软件包（PPR）取代专家打分法来确定权重的（盛建东等，1998）。黄土干旱困难立地微地形类型划分，有立地类型划分为基础，可以继承现有的研究成果，在"造林小班"内继续细化区分"小组"，甚至"成员"，把"适地适群落、适地适树、适地适草"落到每一种植物种上。最后形成立地区域、立地区、立地类型小区、立地类型组、立地类型、微地形组和微地形等分类单元。在此基础上构建植被配置结构，实现黄土阳坡困难立地植被景观的多样性、物种多样性、群落稳定性。

第2章 研究区概况和研究内容方法

2.1 研究区概况

吴起县位于陕西省北部，地处黄土高原丘陵沟壑区，属于半干旱中温带大陆性季风气候，吴起县西北靠定边县，东北连靖边县，东南和志丹县接壤，西南与甘肃省华池县毗邻。地跨东经 $107°38'57''\sim108°32'49''$；北纬 $36°33'33''\sim37°24'27''$。海拔 1233～1809m，东西宽 79.89km，南北长 93.64km，全境 3786.2km²。

气候表现为春季干旱多风，夏季旱涝相间，秋季温凉湿润，冬季寒冷干燥。年平均气温 7.8℃，极端最高气温 38.3℃，极端最低气温 –28.5℃，年平均降水量 483.4mm，降水量主要集中在 7～9 月，常常以暴雨的形式出现。无霜期 145d，年日照总时数为 2400.1h。冬春连续干旱、尘土飞扬，夏季干旱间或暴雨灾害对农林业生产和人类生活造成不利影响。

土壤分布趋势受纬度影响较大，表现为南北差异甚大，东西差异甚微，共有 7 个土类、13 个亚类、35 个土属、95 个土种。从长城乡胶泥洼则西部以北至大星渠(靖边界)一带为风沙土；五谷城乡畔沟以北至胶泥洼则为绵沙土；五谷城乡畔沟以南至甘肃省华池县界的整个中南部梁丘陵多为黄绵土。其中绵沙土亚类是本县面积最大的一类，占总面积的 87.62%，分布于全县 12 个乡镇(周湾、长城除外)的大面积梁沟壑和部分川台地上；黄沙土亚类占总土壤面积的 10%，主要分布于周长两乡镇和五谷城乡以北的部分丘陵、涧地上。

全县地貌属于黄土高原梁状丘陵沟壑区，海拔在 1233～1809m 之间。境内有无定河与北洛河两大流域，白于山横亘县境北部，把本县划分为两大地貌类型。黄土梁涧区主要分布在周湾镇、长城乡，海拔 1460～1510m，是由厚黄土披覆的缓梁宽谷。黄土梁宽缓土厚，坡面有浅沟、细沟发育。涧地分为两级，一级涧地平坦，宽 500～1000m，长 1000～2000m，涧面高出河床 50～80m。二级涧地呈零星残存，向主沟方向倾斜，谓之破涧，耕地面积日益缩小。白于山以南黄土梁状沟壑区基本保留了古地貌的自然特征，山大沟深，千沟万壑，纵横交错，支离破碎。九州一河(洛河)36 条支流散布于其间，海拔高度 1400～1809m，构成了两沟夹一梁的地貌特征。黄土梁向主沟和两侧沟缓倾或作阶梯状过渡。在纵向上，基岩骨架倾向主谷，基岩出露很少，但沟谷大部切入基石。其特点是，黄土梁的延伸，排列方向受水文网制约，其宽窄变化与河网密度相联系；梁顶有 3°～5°坡度，亦作斜梁。斜梁坡度向河谷边缘增至 15°～20°；沟壑交织，相对切割深度达 150～200m，梁地面积与沟壑面积大致相当；洛河及其主要支流，深切曲流，蜿蜒流荡，河谷开阔，具有两级阶地，地形组合为川台、沟条、沟等。沟壑密度 2.54km/km^2，侵蚀模数 15280t/km^2。

吴起属于森林灌丛草原植被区，全县有种子植物 235 种，隶属于 56 科 160 属。其中裸子植物 3 科 3 属 3 种，被子植 53 科 157 属 232 种；双子叶植物 47 科 126 属 186 种；单子叶植物 6 科 31 属 46 种，双子叶植物无论科、属、种均占绝对优势，单子叶植物次之，裸子植物比例最小（徐怀同，2007）。自然植被人为破坏严重，主要是人工植被，主要树种有小叶杨 *Populus simonii* Carr.、旱柳 *Salix matsudana* Koidz.、山桃 *Amygdalus davidiana*（Carr.）C. de Vos ex Henry.、山杏 *Armeniaca sibirica*（L.）Lam.、杜梨 *Pyrus betulaefolia* Bunge、刺槐 *Robinia pseudoacacia* L.、榆 *Ulmus pumila* L. 等。灌木主要是柠条 *Caragana korshinskii* Kom.、沙棘 *Hippophae rhamnoides* Linn.。草木以菊科、禾本科、豆科为主，其中菊科主要有茭蒿 *Artemisia giraldii* Pamp.、冷蒿 *Artemisia frigida* Willd.、黄蒿 *Artemisia annua* L.、茵陈蒿 *Artemisia capillaris* Thunb. 等。禾本科主要有针茅 *Stipa capillata* L.、冰草 *Agropyron cristatum*（L.）Gaertn.、早熟禾 *Poa annua* Linn. 等。豆科主要有二色胡枝子 *Lespedeza bicolor* Turcz.、草木樨状黄芪 *Astragalus melilotoides* Pall.、紫花苜蓿 *Medicago sativa* L. 等。杂草主要有百里香 *Thymus mongolicus* Ronn. 等。退耕还林使吴起县生态环境明显改善，林草覆盖率已由 1997 年的 19.2% 提高到 62.9%，土壤年侵蚀模数由 1997 年的 1.53×10^4t/（km^2·a）下降到 0.54×10^4t/（km^2·a），基本实现了"群山尽染绿色"，并正在形成良好的生态链。

植物群落的演替方面，贾燕锋等（2007）研究认为，在陕北黄土高原森林草原地带，从次生裸地开始的演替按照演替进程一般要经历主要优势物种有狗尾草和猪毛蒿等为主的先锋群落阶段，以优势物种长芒草、糙隐子草、赖草、硬质早熟禾为主的旱生性禾草群落阶段，其后的旱中生蒿类群落阶段主要优势物种有铁杆蒿、茭蒿、达乌里胡枝子、白羊草等，疏林草原阶段物种有丁香、杜梨等。秦伟、朱清科（2008）等将吴起县 25 年退耕地植被自然恢复的过程大致划分为迅速恢复期（1~4 年）、初级更替期（5~13 年）、高级更替期（13~20 年）和缓慢恢复期（20 年以后）4 个阶段，群落的优势物种由藜科杂草开始，依次演替为一年生草本和多年生草本，大约 20 年后演替为地带性多年生草本，形成了依次包括猪毛菜 *Salsola collina*、猪毛蒿 *Artemisia scoparia*、达乌里胡枝子 *Lespedeza davurica*、铁杆蒿 *Artemisa vestita* 和白羊草 *Bothriochloa ischaemum* 5 种群落类型的演替系列。退耕地植被自然恢复 40~50 年后，仍处于以地带性草本为主要优势种，而未能形成灌丛群落类型。曾光，杨勤科等（2008）研究吴起县双树沟流域 30 个自然恢复草地植被随着退耕年限的不断增加，退耕地植被自然恢复依次经历了猪毛蒿、赖草 + 长芒草、赖草 + 铁杆蒿、铁杆蒿、铁杆蒿 + 茭蒿群落 5 个发展阶段，地带性植被类型铁杆蒿 + 茭蒿群落在研究区内开始出现，并且已经占有一定优势。

2.2　研究内容方法

2.2.1　研究内容

以黄土丘陵沟壑区吴起县为对象，调查分析干旱阳坡分布特征和坡度组成规律，选择合家沟小流域研究退耕 10 年封育草地微地形特征，植被组成、群落类型和物种多样性特征，测定和探讨微地形形态特征及其植被生长量、土壤含水量及其土壤养分特征，根据植被条件、土壤条件和坡面特征等划分微地形类型，在立地类型框架下构建微地形分类体系，在微地形类型对植被适宜性评价基础上，结合植被地带性分布规律、植物群落演替规律，提出区域植被恢复目标、植被配置原则，最后，提出植被配置的适宜结构和主要植物种。

(1)退耕封育地植被特征。

(2)微地形的分布及特征。

(3)微地形土壤养分特征。

(4)微地形土壤水分特征。

(5)旱季微地形土壤含水量的异质性。

(6)影响微地形土壤水量的主要因素。

(7)微地形分类体系。

(8)微地形植被配置。

2.2.2　技术路线

黄土丘陵沟壑区吴起县为对象，在区域范围内用 ArcGIS Desktop 9.0 软件提取干旱阳坡地形信息；通过退耕封育合家沟小流域野外实地调查获取微地形形态、分布、土壤养分、土壤水分和植被等信息，用因子分析、方差分析、聚类分析等数学工具处理数据，在立地微地形境特性分析、分类和适应性分析的基础上，配置科学合理的植被类型和植物种。

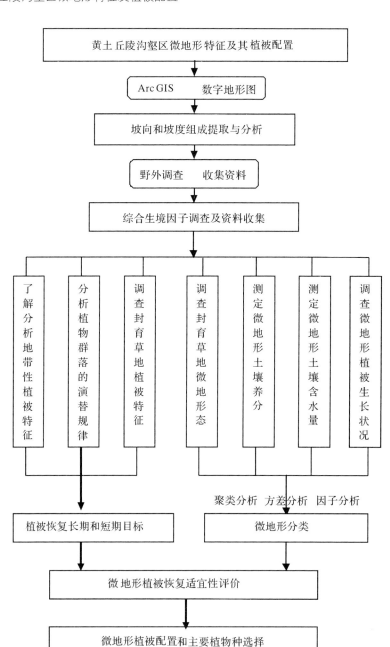

图 2-1　研究的技术路线

Fig. 2-1　Frame of technological route of the research

2.2.3　研究方法

2.2.3.1　植物群落特征调查分析

（1）外业调查。首先选择退耕封育 10 年的合家沟流域作为研究对象，在流域中部选择一条垂直主沟道的观测线，并将流域划分成上下流域，然后分别在上下流域中部再设定两条观测线，在观测线上每隔 10m 设置 10m×10m 调查样地，样地四角内设置 4 个 1m×1m 草被调查样方，按照常规样方调查方法，分别调查群落盖度、目测种群盖度，用钢卷尺测量每个植物种高度，用"收割法"统计每种植物的植株数、用杆秤称量植株地上部分鲜重、抽样后用烘干法获得物种及其群落地上部分的生物量，利用物种生物量加权平均计算群落平均高度。共调查样地 29 个，样方 116 个。

（2）计算分析方法。

①重要性比例：

$$重要性比例 P =（相对盖度＋相对密度＋相对优势度）/300 \tag{2-1}$$

$$相对盖度（或密度或优势度）（\%）= 某个植物种盖度（或密度或优势度）$$
$$/样方所有种盖度（或密度或优势度）之和×100 \tag{2-2}$$

②重要值：

$$重要值 I =（相对盖度＋相对密度＋相对频度＋相对优势度）/400 \tag{2-3}$$

③多样性指数：

$$物种丰富度指数 S = 物种总数$$
$$香浓（Shannon-Weiner）多样性指数 H' = - \sum (I_i \cdot \ln I_i) \tag{2-4}$$
$$香浓均衡度指数/E = H'/\ln S$$
$$辛普森 Simpson 指数（修）/D = - \ln \left[\sum (N_i/N)^2 \right] \tag{2-5}$$

式中：N_i——种 i 的个体数；

　　　N——总个体数。

④群落特征的分析比较：用 Spss 17.0 软件，进行相应的方差分析、聚类分析等。

2.2.3.2　微地形的基本特征分析

（1）坡向和坡度提取。根据 DEM（来源于"国家基础地理信息中心"1∶5 万，格网间距 25m，等高距 20m）数据，在 GIS 平台下，通过 DEM 数字地形分析技术，首先在空间分析模块下利用 drive slope 获取各个试验区的坡度信息。在坡度层上利用 calculator 工具分别计算出坡度级别为 1° 的各坡度栅格数，将其乘以栅格面积，得到投影面积，平差校正后可得到不同坡面面积。在 DEM 上，利用空间分析模块下的 drive aspect 工具可以提取坡向层，在坡向层上利用 calculator 工具输入 aspect >＝112.5 and aspect <＝292.5 提取出阳坡信息，同样的，aspect >＝157.5 and aspect <＝247.5；aspect >＝112.5 and aspect <＝157.5 or aspect >＝247.5 and aspect <＝292.5 分别提取出阳坡、半阳坡的信息层。将阳坡、半阳坡信息层分别与各坡度叠加，可以计算出阳坡、半阳坡在各坡度上的栅格数。将其分别乘以栅格面积，就是各坡度级别上阳坡、半阳坡的面积。其中方位角在 337.5° ~67.5° 之间的阴坡（正北坡

和东北坡），方位角在 67.5°～112.5°和 292.5°～337.5°之间的半阴坡（东坡和西北坡），112.5°～157.5°和 247.5°～292.5°的半阳坡（东南坡、西南坡），方位角在 157.5°～247.5°的阳坡（南坡和西南坡）；根据坡度不同，分为 0°～25°缓坡（平缓坡 0°～15°、缓坡 16°～25°）、陡坡 26°～35°、极陡坡 36°～45°、急陡坡 >46°。基于 DEM 数据，手工提取沟沿线和坡脚线，统计获取梁峁坡、沟坡和川台地的面积。

（2）微地形形状调查。分别不同坡向、坡度和坡位，在坡面上沿等高线自上到下设三条观测线，把整个坡面分成等间隔的 4 个坡段，沿观测线分别用皮尺和钢卷尺测量浅沟相对于坡面"瓦嵴"的深度和浅沟间距离，方差分析和多重比较分析不同生境间的差异性。切沟测定其长度、宽度、深度，并记录切沟壁面或坡面特征，聚类分类后统计其各个指标数值。切沟调查 41 条，浅沟调查 144 条。

2.2.3.3　微地形土壤养分测定与分析

（1）土壤采集。选择阳、半阳和半阴三个典型坡面，根据不同的立地条件、不同微地形设立 43 个测定点（观测量），在 1m×1m 测定样方中心选择一个测点，并按照 0～20cm、20～40cm、40～60cm 分别采样，随机 5 个测点土壤分层混合样，作为室内分析的土壤样品。

（2）土壤养分测定。有机质：重铬酸钾容量法，全氮；半微量凯氏蒸煮法，水解氮：碱解扩散法；全磷：$HCLO_4 - H_2SO_4$ 氧化钼锑抗比色法，速效磷：$NaHCO_3$ 浸提钼锑抗比色法；全钾：$NaOH$ 熔融火焰光度计法，速效钾：NH_4Ac 浸提火焰光度计法等。

（3）土壤养分差异性分析。分析不同土层各种营养变异系数，各种养分间相关系数，并建立高相关变量间回归关系，不同立地类型间、不同微地形间土壤养分对比分析。采用因子分析和聚类分析探讨不同微地形间土壤养分的变异特征。

2.2.3.4　微地形土壤含水量测定

（1）典型微地形观测点布设与测定。分别在阳坡、半阳坡和半阴坡 25°～35°梁峁陡坡上，选择陡坡坡面、坡面上浅沟和小切沟 3 个微地形，在沟坡上选择沟坡坡面（坡度一般在 45°左右）、大切沟沟底、大切沟的两个坡面共 4 个微地形。在坡面中部设置 30m×30m 样地，样地内顺坡设置距离样地边线分别为 7m、15m 和 23m 共 3 条观测线，在测定线上从上到下每隔 3m 布点；在 6 条浅沟中，隔一个浅沟选择 1 条浅沟，在选择的 3 条浅沟中，顺坡每隔 3m 确定测定点；较小小切沟布设 1 个点，较长小切沟每隔 2m 布点，每种微地形分别机械抽取 30 个测定点。春季（4 月下旬）、秋季（10 月中下旬）每隔 20cm 采用烘干法测定 0～60cm 土壤含水量。

（2）坡面微地形观测点布设与测定。分别在阳坡、半阳坡和半阴坡上选择完整的坡面作为研究对象，峁坡按照 0～15°平缓坡、16°～25°缓坡、26°～35°陡坡、36°～45°极陡坡、大于 45°急陡坡分立地条件类型，沟坡为一个立地类型；根据坡面坡度、坡位和土壤侵蚀形成的浅沟、小切沟、大切沟及其大切沟的两个坡面为观测点，坡面观测点设定 5m×5m 一个标准地，在标准地对角线 4 等分点上共设定 5 个土壤含水量测定位，4 等分点为中心设 1m×1m 样方 5 个；在浅沟或大切沟中部，沿其走向每隔 1m 随机抽取测定位 5 个；较短小切沟布设 1 个点，较长小切沟每隔 2m 布点共选 5 个测位。

（3）土壤含水量采集及计算。2008 年和 2009 年 5 月、7 月、9 月和 10 月，用土钻分别在 0~20cm、20~40cm、40~60cm 深度采土样，烘干法测定不同土层的含水量。每个完整的坡面上的测定，要求必须在当天测定完成。

$$各个土层含水量 \% = 100\% \times (湿土重 - 干土重)/干土重$$

$$0~60cm \ 土层含水量\% = (\sum 各个土层含水量)/3$$

2.2.3.5　微地形对降雨入渗深度的测定与分析

布点：选择典型半阳陡坡坡面，分别坡面、浅沟和小切沟的草丛中和丛间裸地，作为微地形的对象。在坡面中部设置 30m×30m 样地，样地内顺坡设置距离样地边线分别为 7m、15m 和 23m 共 3 条观测线，在每条观测线上，每隔 3m 确定测定点。在 6 条浅沟中，隔一个浅沟选择 1 条浅沟，在选择的 3 条浅沟中，顺坡每隔 3m 确定测定点。选择长度在 8m 以内的小切沟 10 个，小切沟内等间隔原则确定 3 个测点。每个类型随机调查 30 个剖面。

测定和分析：2008 年 7 月上旬小雨之后，在测点方圆半经 0.5m 的范围内，分别丛间和裸地，迅速挖掘土层剖面，借助降雨入渗形成的干湿土层交界线，钢卷尺测降雨入渗深度，每个剖面测量 3 个位置的入渗深度求其平均值。采用方差分析微地形对降雨入渗的影响。钢卷尺测定丛高、丛幅，目测植被盖度。

2.2.3.6　微地形植被调查

（1）观测点布设。与"2.2.3.4"布设点相同。

（2）植被调查。以 1m×1m 样方为单元，9 月份调查样方内植物种类、数量、高度、盖度、地上生物量等，方法与"2.2.3.1"植物群落特征调查方法相同。

2.2.3.7　微地形分类

首先按照影响微地形植被配置的综合因素，聚类形成条件相似、植被配置相似或一致的微地形组，然后在立地类型的框架下匹配微地形类型，构成一个完整的分类体系。三个坡向 21 个典型微地形，分别按照坡向直接采用土壤含水量、植被生长指标和微地形的形态特征指标，采用聚类构建微地形植被配置相似或相同的组，然后在峁陡坡、沟坡立地类型框架下，通过归纳建立微地形分类体系。

以一个完整的坡面（包括峁坡和沟坡）为单元，Spss17.0 软件分层聚类分析方法为手段。用土壤水分因素（各月 0~60cm 土壤平均含水量）、植被因素（盖度、高度、地上生物量）、地形地貌因素（坡向和坡度），对观测量进行聚类，分析观测量之间的相似性，构建坡面微地形植被配置类型组，然后在立地条件类型框架下，归纳总结不同坡向微地形分类体系。

2.2.3.8　微地形植被配置

根据微地形植被配置类型组的土壤含水量、植被生长现状、坡向坡度及其坡面破碎化程度，对微地形组植被的适宜度进行评价。然后，结合地带性植被特征和植物群落演替规律和现状，提出不同微地形类型植被配置的方案。

第3章　退耕封育地自然植被特征

3.1　退耕封育阳坡植被特征

3.1.1　阳坡植被的基本特征

在退耕封育10年的阳坡调查的8个样地31个样方中，出现植物23种，除灌木种马茹子外全是草本植物。平均丰度7.8(变幅5~11)，平均密度113.1(变幅42~235)株/m²，平均盖度36(20~65)%，平均高度20.5(12~35)cm，平均地上生物量和枯落物分别为70.05(32.23~115.36)g/m²和69.7(14.00~140.00)g/m²。

表3-1　阳坡植物种的重要性比值及频率

Tab. 3-1　Important ratio and frequency of plants on sunny slope

序号	植物种	重要性比值	序号	植物种	频率(%)
1	茭蒿	0.369	1	茭蒿	100.00
2	铁杆蒿	0.322	2	铁杆蒿	96.77
3	胡枝子	0.095	3	胡枝子	96.77
4	针茅	0.071	4	针茅	83.87
5	早熟禾	0.031	5	阿尔泰紫菀	61.29
6	毛隐子草	0.025	6	毛隐子草	58.06
7	阿尔泰紫菀	0.021	7	远志	54.84
8	星毛委陵菜	0.011	8	白羊草	32.26
9	冷蒿	0.011	9	茵陈蒿	29.03
10	黄芪	0.008	10	老牛筋	25.81
11	窄颖赖草	0.006	11	黄芪	22.58
12	远志	0.006	12	二裂叶委陵菜	19.36
13	茵陈蒿	0.006	13	早熟禾	16.13
14	白羊草	0.005	14	沙参	12.90
15	委陵菜	0.003	15	委陵菜	12.90
16	老牛筋	0.003	16	柴胡	12.90
17	二裂叶委陵菜	0.002	17	窄颖赖草	12.90
18	沙参	0.002	18	冷蒿	9.68
19	芦苇	0.001	19	火绒草	6.45
20	柴胡	0.001	20	马茹子	6.45
21	火绒草	0.001	21	芦苇	3.23
22	黑水亚麻	0.000	22	黑水亚麻	3.23
23	马茹子	0.000	23	星毛委陵菜	3.23

茭蒿、铁杆蒿重要性比例≥0.50 的样方分别有 10 个和 8 个，分别占总样方量的 32.26% 和 25.81%；从重要性比值、植物种在样方出现的频率和相对频率来看，阳坡植物以茭蒿和铁杆蒿最多，平均重要性比值分别为 0.369 和 0.322，频率分别为 100% 和 96.77%，其次以胡枝子和针茅居多，重要性比值分别为 0.095 和 0.071，频率分别为 96.77 和 83.87%。阿尔泰紫菀、毛隐子草和远志在样方中出现的频率超过 50%。毛隐子草和阿尔泰紫菀的重要性比值 0.021～0.031。即构成阳坡的建群植物以茭蒿、铁杆蒿、针茅和胡枝子为主、伴生植物以阿尔泰紫菀、毛隐子、远志和早熟禾为主。

表 3-2　阳坡各植物种的重要值

Tab. 3-2　Importance value of plants on sunny slope

排序	植物种	重要值	相对盖度(%)	相对密度(%)	相对优势度(%)	相对频度(%)
1	茭蒿	0.337	37.74	49.66	34.59	12.81
2	铁杆蒿	0.243	29.59	20.56	34.47	12.40
3	胡枝子	0.110	10.35	9.38	11.70	12.40
4	针茅	0.076	8.08	5.42	6.20	10.74
5	阿尔泰紫菀	0.035	1.62	2.99	1.70	7.85
6	毛隐子草	0.035	2.35	2.05	1.98	7.44
7	早熟禾	0.029	4.70	1.83	3.15	2.07
8	远志	0.022	0.00	1.17	0.71	7.02
9	茵陈蒿	0.014	0.51	1.06	0.41	3.72
10	白羊草	0.013	0.15	0.51	0.45	4.13
11	星毛委陵菜	0.012	1.10	2.51	0.97	0.41
12	黄芪	0.012	0.59	0.58	0.65	2.89
13	冷蒿	0.010	1.47	0.54	0.85	1.24
14	老牛筋	0.010	0.07	0.26	0.32	3.31
15	窄颖赖草	0.009	0.88	0.37	0.52	1.65
16	二裂叶委陵菜	0.008	0.00	0.43	0.33	2.48
17	委陵菜	0.007	0.59	0.11	0.37	1.65
18	沙参	0.005	0.00	0.14	0.27	1.65
19	柴胡	0.005	0.00	0.14	0.07	1.65
20	火绒草	0.003	0.00	0.06	0.12	0.83
21	马茹子	0.002	0.00	0.06	0.44	0.81
22	芦苇	0.002	0.22	0.09	0.17	0.41
23	黑水亚麻	0.002	0.00	0.17	0.04	0.41

阳坡植物重要值、相对盖度、相对密度、相对优势度和相对频率 5 个指标的大小排序都表现出茭蒿＞铁杆蒿＞胡枝子＞针茅＞阿尔泰紫菀、毛隐子草、早熟禾等，其中茭蒿、铁杆蒿、胡枝子、针茅重要值分别为 0.337、0.243、0.110、0.076。

综上所述，阳坡主要以茭蒿和铁杆蒿为优势植物，次要优势植物有胡枝子、针茅，伴生植物以阿尔泰紫菀、毛隐子草和早熟禾为主。

3.1.2 阳坡植物群落特征

以样方内每种植物的重要性比值为观测量，对小样方进行分层聚类（Hierarchical Cluster Analysis），聚类过程采用欧式距离平方（Squared Euclidean Distance）作为类间距离，聚类选取组间连接距离法（Between Groups - Linkage）。

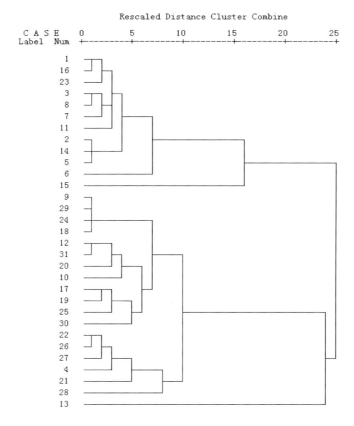

图 3-1　阳坡植物样方聚类树形图

Fig. 3-1　Clustering tree diagram of quadrates by plant important ratio on sunny slope

根据聚类分析，31 个样方被分为 2、3、4、5 类时，类间距离差别比较大。分为 2 类时，一类以茭蒿为主，一类以铁杆蒿为主，分类较粗放，不宜采取；当被分为 3 类或 4 类时，仅仅把 2 个样方分别划分为 1 类，不能成为一个植物群落类型。分为 5 类时，有三类的样方数达到 6、11 和 12 个，当分为 6 类时，类间距离小，且又只有一个样方被划分出来，所以阳坡群落类型划分为 3 大类为宜。

根据单种植物最大重要值 <0.3 时为寡优群落，单种植物最大重要值为 0.3~0.5 时为多优群落，单种植物重要值 >0.5 时为单优群落。阳坡 3 个类型植物群落可命名为：茭蒿单优群落、趋于单优的铁杆蒿群落和铁杆蒿 + 茭蒿 + 胡枝子混生群落。样方比率依次为：

37.93%、41.38%和20.69%；出现的植物种占全部种类（23 种）的百分数分别为82.61%、82.61 和69.56%。可见，阳坡已经发展有 37.93%单优的耐旱植物茭蒿群落，有41.38%趋于形成铁杆蒿群落，这两类群落累积占到 79.31%。

表3-3 阳坡植物群落类型

Tab. 3-3 Plant community cluster membership on sunny slops

序号	样方号	群落类型	说明
1	1、2、3、5、6、7、8、11、14、16、23	茭蒿群落类型	茭蒿 I 值 0.563 大于 0.50，单优植物群落类型
2	4、21、22、26、27、28	铁杆蒿 + 茭蒿 + 胡枝子群落	所有植物种 I 值小于 0.3，寡优群落类型，铁杆蒿 0.268、茭蒿 0.254、胡枝子 0.136
3	9、10、12、17、18、19、20、24、25、29、30、31	铁杆蒿群落类型	铁杆蒿 I 值 0.464，接近 0.50，趋于单优的铁杆蒿群落

3.1.3 阳坡植物群落物种多样性特征

（1）三种群落类型物种丰度、群落盖度、地上生物量均值方差分析、LSD 均值多重比较和一致性子集检验得到一致的结果，即三种群落两两之间各项指标没有显著差异，丰度均值范围在 7.27 ~ 8.33 之间，盖度均值范围在 31.08% ~ 40.55% 之间，地上生物量均值在 64.10 ~ 79.59g/m²，相比之下，茭蒿单优群落丰度最小 7.27、盖度最大 40.55%、地上生物量最高 79.59g/m²。铁杆蒿 + 茭蒿混生群落丰度最大 8.33、盖度居中 36.17%、地上生物量居中 66.93g/m²。

（2）多重比较和子集检验均表明，单优茭蒿群落与铁杆蒿群落、铁杆蒿 + 茭蒿群落之间群落高度、枯落物、香浓指数和辛普森指数 4 个指标都存在显著差异，而两个铁杆蒿群落之间高度没有显著差异。表现为单优的茭蒿群落高度最高平均 26.27cm、枯落物 102.82g/m²、香浓指数最小 1.318、辛普森指数最小 0.855；两种铁杆蒿群落高度 16.75 ~ 19.50cm、枯落物最多 45.00 ~ 62.50g/m²、香浓指数 1.758 ~ 2.127、辛普森指数 1.517 ~ 1.787。

（3）单优茭蒿群落与趋于单优的铁杆蒿群落，香浓均衡指数差异不显著，而两个铁杆蒿类型的群落之间差异显著，茭蒿群落香浓均衡指数最小 0.460，其次是趋于单优的铁杆蒿群落 0.582，铁杆蒿 + 茭蒿混生群落的香浓均衡指数较高 0.708。说明群落向单优的趋势发展，物种数量减少、竞争之后相对稳定的物种个体数量趋于不均衡，表现出香浓指数和辛普森指数小，香浓均衡指数小。

（4）三种群落类型地上生物量均值之间没有显著差异，而枯落物均值之间差异显著。说明干旱年份（2008 年春季 7 月以前基本没有有效降雨量），7 月前三种群落生物量基本相等，经过 7 ~ 9 月份雨季，茭蒿群落的生物量远远超过铁杆蒿群落。单优茭蒿群落与两个铁杆蒿群落间平均枯落物存在显著差异，而两个铁杆蒿群落之间没有显著差异。主要因为茭蒿群落密度大、个体高。

（5）单优茭蒿群落平均密度最高达到 158.45 株/m²，铁杆蒿群落平均密度最小 74.50

株/m^2，铁杆蒿 + 茭蒿混生群落密度居中 114.17 株/m^2。三种类型群落的密度方差分析表明，单优茭蒿群落与铁杆蒿群落密度差异显著，而铁杆蒿 + 茭蒿混生群落与其他两个群落密度差异不明显，但子集一致性检验表面，三个群落密度均值不等。这与茭蒿个体高而分枝少，铁杆蒿个体矮分枝多相关。说明有单优植物存在的群落，物种数量较少，各个物种的个体数量差异较大，而没有明显单优植物群落，物种数量较多，且各个植物种的个体数量差异较小。

以上分析可以看出，在 9 个指标中，铁杆蒿群落与铁杆蒿 + 茭蒿群落只有群落密度这个指标子集检验均值不相等，且方差检验没有显著差异，而茭蒿群落与这两个铁杆蒿群落的 6 个特性指标差异显著，所以，阳坡植物群落可以分为两个大类，三个亚类。即群落分为两类时，类间差异更大。比较之下，茭蒿群落物种丰富度指数最低，单位面积的植物个体数最多，且各种植物的个体数量悬殊较大，即以茭蒿优势种的个体数量为主，群落平均高度最高，生物量较大。铁杆蒿群落物种丰度指数较低，单位面积植物个体数量最低，各种植物的个体数量不均衡，群落高度较低，生物量较少。

3.1.4 小结

在退耕 10 年的封育草坡阳坡植物 23 种，包括一种灌木种马茹子。植物重要值、相对盖度、相对密度、相对优势度和相对频率 5 个指标的大小排序都表现出茭蒿 > 铁杆蒿 > 胡枝子 > 针茅 > 阿尔泰紫菀、毛隐子草、早熟禾等，其中茭蒿、铁杆蒿、胡枝子、针茅重要值分别为 0.337、0.243、0.110、0.076。以茭蒿、铁杆蒿、胡枝子和针茅频率分别为 100%、96.77%、96.77% 和 83.87%。即阳坡主要以茭蒿和铁杆蒿为优势植物，次要优势植物有胡枝子、针茅，伴生植物以阿尔泰紫菀、毛隐子草和早熟禾为主。

茭蒿和铁杆蒿重要性比例 ≥0.50 的样方数占总样方比例分别为 58.07%，阳坡可划分为茭蒿单优群落、趋于单优的铁杆蒿群落和铁杆蒿 + 茭蒿 + 胡枝子混生群落。样方比率依次为：37.93%、41.38% 和 20.69%；可见，阳坡已经发展有 79.31% 单优或趋于单优的耐旱茭蒿群落铁杆蒿群落。

三种群落类型物种丰度、群落盖度、地上生物量均值两两之间各项指标没有显著差异，丰度均值范围在 7.27～8.33 之间，平均 7.86；盖度均值范围在 31.08%～40.55% 之间，平均 35.72%；地上生物量均值在 64.10～79.59g/m^2，平均 70.56 g/m^2。相比之下，茭蒿单优群落丰度最小 7.27、盖度最大 40.55%、地上生物量最高 79.59g/m^2。

单优茭蒿群落与铁杆蒿群落、铁杆蒿 + 茭蒿群落之间群落高度、枯落物、香浓指数和辛普森指数度 4 个指标都存在显著差异，而两个铁杆蒿群落之间高度没有显著差异。表现为单优的茭蒿群落高度最高平均 26.27cm、枯落物最多 102.82g/m^2、香浓指数最小 1.318、辛普森指数最小 0.855。单优茭蒿群落与趋于单优的铁杆蒿群落香浓均衡指数差异不显著，而两个铁杆蒿类型的群落之间差异显著，茭蒿群落香浓均衡指数最小 0.460，其次是趋于单优的铁杆蒿群落 0.582，铁杆蒿 + 茭蒿混生群落的香浓均衡指数较高 0.708。说明群落向单优的趋势发展，物种数量减少，竞争之后相对稳定的物种个体数量趋于均衡，表现出香浓指数、辛普森指数和香浓均衡指数小。

表 3-4　阳坡三种群落结构特征的比较

Tab. 3-4　Comparative analysis of plant community structure characteristics on sunny slope

指标	群落编号	平均值	95%置信区间 下限	95%置信区间 上限	最小值	最大值	方差齐性检验	方差分析 Sig.	多重比较（α=0.05）	一致性子集检验
物种丰度	1	7.27	6.23	8.32	5	9	0.895 齐性	0.372 差异不显著	两两之间没有显著差异	三个群落为一个子集
	2	8.33	6.38	10.29	5	10				
	3	8.17	6.99	9.34	5	11				
	合计	7.86	7.20	8.53	5	11				
群落盖度	1	40.55	31.48	49.62	20	63	0.452 齐性	0.145 差异不显著	两两之间没有显著差异	三个群落为一个子集
	2	36.17	27.48	44.86	23	48				
	3	31.08	24.86	37.31	18	50				
	合计	35.72	31.33	40.12	18	63				
生物量	1	79.59	64.99	94.18	32.23	115.36	0.614 齐性	0.253 差异不显著	两两之间差异不显著	三个群落为一个子集
	2	66.93	40.82	93.04	37.60	97.49				
	3	64.10	50.00	78.21	34.69	103.38				
	合计	70.56	61.84	79.28	32.23	115.36				
群落高度	1	26.27	22.35	30.19	18.0	35.0	0.150 齐性	0.000 差异显著	1与2、3具有显著差异；2、3间无差异	2、3一个子集，1单独子集
	2	19.50	14.08	24.92	14.0	28.0				
	3	16.75	14.47	19.04	12.0	25.0				
	合计	20.93	18.49	23.37	12.0	35.0				
枯落物	1	102.82	80.03	125.60	50.0	140.0	0.466 齐性	0.000 差异显著	1与2、3具有显著差异；2、3间无差异	2、3一个子集，1单独子集
	2	62.50	34.72	90.28	24.0	93.0				
	3	45.00	26.39	63.61	14.0	115.0				
	合计	70.55	55.45	85.65	14.0	140.0				
群落密度	1	158.45	123.14	193.77	62	235	0.028 非齐性	0.000 差异显著	1与3具有显著差异；2与1、3间无差异	三个群落各为一个子集
	2	114.17	72.08	156.26	65	175				
	3	74.50	61.60	87.40	42	102				
	合计	114.55	94.14	134.97	42	235				
香浓指数	1	1.318	0.995	1.641	0.317	2.184	0.505 齐性	0.004 差异显著	1与2、3具有显著差异；2、3间没有差异	2、3一个子集，1单独子集
	2	2.127	1.821	2.432	1.821	2.642				
	3	1.758	1.461	2.055	1.080	2.675				
	合计	1.667	1.466	1.869	0.317	2.675				
香浓均值	1	0.460	0.356	0.564	0.136	0.728	0.535 齐性	0.002 差异显著	1与2、3具有显著差异；2与3间没有差异	1、3一个子集，2为一个子集
	2	0.707	0.623	0.790	0.602	0.795				
	3	0.582	0.511	0.652	0.407	0.773				
	合计	0.561	0.503	0.620	0.136	0.795				
sp指数	1	0.855	0.563	1.147	0.122	1.503	0.920 齐性	0.001 差异显著	1与2、3具有显著差异；2与3间没有差异	2、3一个子集，1单独子集
	2	1.787	1.217	2.358	0.996	2.595				
	3	1.517	1.198	1.836	0.737	2.581				
	合计	1.322	1.091	1.553	0.122	2.595				

注：样方个数 $N_1=11$、$N_2=6$、$N_3=12$。

各指标的单位：群落盖度（%），群落高度（cm），枯落物和地上生物量（g/m²），群落密度（株/m²）。

3.2 退耕封育半阳坡植被特征

3.2.1 半阳坡植被的基本特征

调查的 12 个样地 48 个样方中铁杆蒿重要性比例≥0.5 的样方 15 个、茭蒿样方 6 个，星毛委陵菜有一个样方重要性比例等于 0.49，接近 0.5；样方数分别占到 48 个调查样方的 31.25%、12.5% 和 2.08%。半阳坡植物群落已经有发育成为铁杆蒿、茭蒿的单优群落类型。

样方平均植物 8.1（5~15）种，平均密度 132.3（63~272）株/m²，平均盖度 42.1%（20%~85%），平均高度 22.6（6~45.6）cm，平均枯枝落叶 81.5（18~270）g/m²，当年地上部分生物量平均 91.78（44.71~230.44）g/m²。

变异系数从小到大依次为植物种类（0.286）＜盖度（0.312）＜高度（0.407）和株数（0.408）＜生物量（0.418）＜枯枝落叶（0.679）。也就是说，样方内植物种类和盖度变异较小，每平方米平均 8 种植物，种类数量适中，而样方盖度较低 42.1%；样方内植物高度、株数和地上部分生物量变异较大，并且表现出植株较矮、数量较多、生物量较少的特征。

表 3-5 半阳坡调查样方的植被特征

Tab. 3-5 **Vegetation character of quadrats on semi-sunny slope**

指标	物种丰度	密度（株/m²）	总盖度（%）	总均高（cm）	枯落物重（g/m²）	生物量（g/m²）	香浓（Shannon-Wiener）指数（H'）	香浓均衡度指数（E）	修正的Simpson指数
平均	8.1	132.3	42.1	22.6	81.5	91.78	1.905	0.640	1.556
最大值	15.0	272.0	85.0	45.0	270.0	230.44	2.875	0.876	2.626
最小值	5.0	63.0	20.0	6.0	18.0	44.71	0.774	0.299	0.337
标准差	2.3	53.9	13.2	9.2	55.4	38.36	0.499	0.137	0.547
变异系数	0.286	0.408	0.312	0.407	0.679	0.418	0.262	0.214	0.352

在调查的 48 个样方内，共出现植物 38 种，其中灌木黄花铁线莲 1 种，草木 37 种。重要值从大到小的主要植物种依次为：铁杆蒿 0.307、茭蒿 0.163、针茅 0.120、星毛委陵菜 0.079、胡枝子 0.074、阿尔泰紫菀 0.028、冷蒿 0.027、委陵菜 0.024、鳍蓟 0.023、毛隐子草 0.020、白羊草 0.019。星毛委陵菜和冷蒿个体较矮，处于群落的亚高层，所以，半阳坡建群植物种以铁杆蒿、茭蒿、针茅、胡枝子为主。

相对盖度从大到小的主要植物种依次为：铁杆蒿 39.47%、茭蒿 17.42%、针茅 14.59%、星毛委陵菜 6.91%、胡枝子 6.29%、冷蒿 3.91%、委陵菜 2.46%。铁杆蒿、茭蒿和针茅三种草本植物相对盖度最大。

表 3-6　半阳坡植物种重要值

Tab. 3-6　**Important valus of plantson semi-sunny slope**

植物种	重要值	相对盖度（%）	相对密度（%）	相对优势度（%）	相对频度（%）
铁杆蒿	0.307	39.47	27.14	44.76	11.57
茭蒿	0.163	17.47	23.42	15.98	8.23
针茅	0.120	14.60	11.94	10.73	10.54
星毛委陵菜	0.079	6.91	15.42	4.37	4.88
胡枝子	0.074	6.29	5.46	7.30	10.54
阿尔泰紫菀	0.028	0.56	2.66	0.78	7.20
冷蒿	0.027	3.91	1.61	1.89	3.34
委陵菜	0.024	2.46	1.59	2.11	3.34
鳍蓟	0.023	1.93	0.33	4.82	2.06
毛隐子草	0.020	1.90	1.46	1.09	3.60
白羊草	0.019	0.77	0.82	1.00	4.88
黄芪	0.016	0.60	1.43	1.08	3.08
远志	0.013	0.04	1.21	0.28	3.86
茵陈蒿	0.013	0.32	1.13	0.50	3.34
早熟禾	0.012	0.89	0.58	0.41	3.08
二裂叶委陵菜	0.008	0.52	0.47	0.43	1.80
窄颖赖草	0.008	0.28	0.57	0.67	1.54
糙叶黄芪	0.008	0.40	0.35	0.25	2.06
野韭菜	0.005	0.00	0.14	0.21	1.80
蓬子菜	0.005	0.20	0.42	0.21	1.03
洽草	0.004	0.00	0.32	0.17	1.03
柴胡	0.004	0.00	0.13	0.06	1.28
狗尾草	0.003	0.00	0.38	0.23	0.26
黑水亚麻	0.003	0.00	0.22	0.04	0.77
赖草	0.002	0.08	0.19	0.15	0.51
灯芯草	0.002	0.00	0.10	0.04	0.77
黄花铁线莲	0.002	0.20	0.10	0.10	0.26
沙参	0.001	0.00	0.03	0.02	0.51
防风	0.001	0.00	0.03	0.02	0.51
蒲公英	0.001	0.00	0.08	0.19	0.26
火绒草	0.001	0.04	0.06	0.04	0.26
地丁	0.001	0.00	0.08	0.02	0.26
秦艽	0.001	0.00	0.05	0.02	0.26
列当	0.001	0.00	0.02	0.02	0.26
山丹	0.001	0.00	0.02	0.01	0.23
冰草	0.001	0.00	0.02	0.01	0.26
老鹳草	0.001	0.00	0.02	0.01	0.26
苦麦菜	0.001	0.00	0.02	0.01	0.26

相对密度从大到小的主要植物种依次为：铁杆蒿 27.14%、茭蒿 23.42%、星毛委陵菜 15.42%、针茅 11.94%、胡枝子 5.47%、阿尔泰紫菀 2.67%、冷蒿 1.61%，铁杆蒿、茭蒿、星毛委陵菜、针茅四种植物有相对多的个体，特别是星毛委陵菜以个体较小、高度较矮。

相对优势度从大到小的主要植物种依次为：铁杆蒿 44.76%、茭蒿 15.98%、针茅 10.73%、胡枝子 7.30%、鳍蓟 4.82%、星毛委陵菜 4.36%、委陵菜 2.11%、冷蒿 1.89%，铁杆蒿、茭蒿、针茅以个体高大、密度大、盖度大形成生物量比较大，而星毛委陵菜等虽然盖度较大、个体较多，但是个体较小，导致生物量较小。

相对频率从大到小的主要植物种依次为：铁杆蒿 11.57%、胡枝子 10.54%、针茅 10.54%、茭蒿 8.23%、阿尔泰紫菀 7.20%、星毛委陵菜 4.88%、白羊草 4.88%。也就是说，这些植物种在 10 年退耕封育的半阳坡分布较广，特别是铁杆蒿、胡枝子、针茅、茭蒿和阿尔泰紫菀具有广布分布性。星毛委陵菜局部分布较广，白羊草等其他植物伴生在不同的群落之中。

综上所述，退耕封育 10 年的半阳坡，分布较广、盖度大、数量多、生物量丰富的植物以铁杆蒿、茭蒿、针茅、胡枝子、星毛委陵菜为主。以铁杆蒿、茭蒿、针茅构成主要建群种，胡枝子、星毛委陵菜为次要建群种，以阿尔泰紫菀、冷蒿、委陵菜、鳍蓟、毛隐子草、白羊草、早熟禾、黄芪、二裂叶委陵菜、窄颖赖草和糙叶黄芪等 13 种植物为主要伴生种，蒲公英、沙参、地丁、柴胡、黑水亚麻、洽草、老鹳草、野韭菜、灯芯草、山丹、秦艽、苦麦菜、列当、防风、冰草等 20 种植物在半阳坡出现很少。

3.2.2　半阳坡植物群落特征

48 个样方被聚类为 2、3、4、5、6 类时，类间距离差别比较大。分 2 类时，一类以茭蒿为主，一类以铁杆蒿为主；分为 3 类时，仅仅从铁杆蒿群落细化为 2 个亚类，茭蒿群落仍为一类；虽然第 2 号一个样方在 4 分类中被划分出来，但样方以地被层星毛委陵菜为主，所以，不能成为一个植物群落类型。群落被分为 5 类时，茭蒿混生群落和铁杆蒿混生群落均被分为 2 类。当群落类型被分为 6 类时，只有 21 和 24 号两个样方被划分出来，没有现实意义。综上分析，半阳坡植物群落分为四类。

根据单种植物最大重要值 <0.3 时为寡优群落，单种植物最大重要值为 0.3~0.5 时为多优群落，单种植物重要值 >0.5 时为单优群落。半阳向植物群落 4 个类型可命名为：茭蒿 + 铁杆蒿 + 针茅混生群落、针茅 + 铁杆蒿 + 星毛委陵菜混生群落、铁杆蒿 + 针茅群落（趋于铁杆蒿群落）和茭蒿单优群落。样方比率依次为：14.89%、17.02%、51.32% 和 12.76%；出现的植物种占全部种类（38 种）的百分数分别为 65.79%、65.79%、71.05% 和 39.47%。

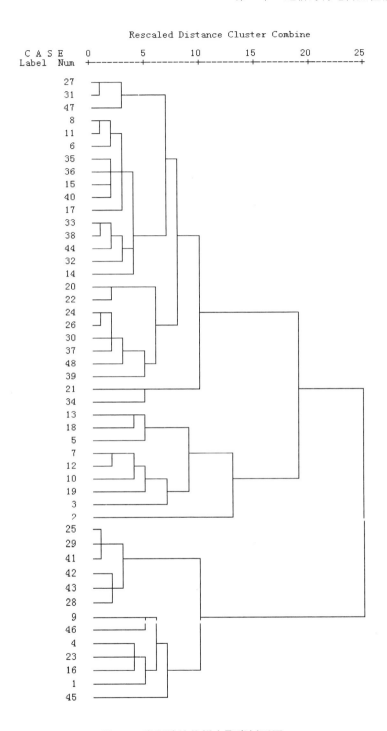

图 3-2 半阳坡植物样方聚类树形图

Fig. 3-2 Cluster tree dendrogram of quadrates by plant important ratio on semi-sunny slope

表 3-7　半阳坡四类群落物种及其重要值

Tab. 3-7　Plant communities and plant important values on semi-sunnyslope

茭蒿+铁杆蒿+针茅混生群落(1)		针茅+铁杆蒿+星毛委陵菜混生群落(2)		铁杆蒿+针茅群落(3)（趋于铁杆蒿群落）		茭蒿单优群落(4)	
植物种	重要值	植物种	重要值	植物种	重要值	植物种	重要值
茭蒿	0.319	星毛委陵菜	0.222	铁杆蒿	0.460	茭蒿	0.579
铁杆蒿	0.130	针茅	0.212	针茅	0.105	铁杆蒿	0.125
针茅	0.125	铁杆蒿	0.171	胡枝子	0.073	胡枝子	0.077
胡枝子	0.088	胡枝子	0.074	茭蒿	0.069	毛隐子草	0.052
星毛委陵菜	0.082	委陵菜	0.048	冷蒿	0.038	针茅	0.050
黄芪	0.039	茭蒿	0.045	阿尔泰紫菀	0.034	阿尔泰紫菀	0.024
阿尔泰紫菀	0.028	鳍蓟	0.039	鳍蓟	0.029	远志	0.021
冷蒿	0.024	白羊草	0.032	星毛委陵菜	0.027	白羊草	0.016
委陵菜	0.020	阿尔泰紫菀	0.021	毛隐子草	0.022	委陵菜	0.013
毛隐子草	0.020	冷蒿	0.020	茵陈蒿	0.022	窄颖赖草	0.008
狗尾草	0.017	早熟禾	0.016	白羊草	0.018	茵陈蒿	0.008
远志	0.015	二裂叶委陵菜	0.015	窄颖赖草	0.013	糙叶黄芪	0.007
早熟禾	0.014	黄芪	0.014	远志	0.012	柴胡	0.007
黄花铁线莲	0.011	远志	0.013	糙叶黄芪	0.012	黄芪	0.007
白羊草	0.010	野韭菜	0.008	早熟禾	0.012	野韭菜	0.007
洽草	0.010	灯芯草	0.008	黄芪	0.011		
黑水亚麻	0.009	赖草	0.007	委陵菜	0.009		
蒲公英	0.008	洽草	0.007	蓬子菜	0.007		
赖草	0.006	黑水亚麻	0.006	野韭菜	0.006		
地丁	0.005	蓬子菜	0.005	柴胡	0.006		
糙叶黄芪	0.004	秦艽	0.004	二裂叶委陵菜	0.005		
二裂叶委陵菜	0.004	山丹	0.004	火绒草	0.002		
冰草	0.004	老鹳草	0.004	洽草	0.002		
沙参	0.004	茵陈蒿	0.003	灯芯草	0.001		
防风	0.004	苦麦菜	0.003	列当	0.001		

3.2.3　半阳坡植物群落物种多样性特征

四种类型物种丰度具有显著差异，均值多重比较表明：第一和第二类、第三和第四类群落丰度均值没有显著差异，而第一第二与第三第四类群落丰度均值具有明显差异；丰度排序：第二类(9.75)＞第一类(9.43)＞第三类(7.54)＞第四类(6.83)。即茭蒿单优群落物种数量最少，其次是趋于铁杆蒿单优群落，混生群落物种最多。反映了群落发展过渡过程中，多物种竞争、最后趋于少数物种占据主导地位的法则。

第三类与一、二、四类间群落密度均值存在显著差异，第三类趋于铁杆蒿单优的混生群落的密度最低 105.96 株/m²（铁杆蒿分支多个体较大所致）；而一、二、四类群落之间密度差异不明显，分别为 152.29 株/m²、173.00 株/m² 和 150.00 株/m²。

第一、二、三类群落间高度均值差异不显著，但三者与第四类群落高度差异显著，与一致性子集检验结果完全相符。第四类茭蒿单优群落高度最高 35.5cm（茭蒿个体高、分支少），而一、二、三类群落高度均值分别是 25.8cm、19.8cm 和 20.0cm。

表 3-8 半阳坡四种群落特征的比较

Tab. 3-8 **The essential characteristic of plant communities on semi-sunny slope**

指标	群落编号	平均值	标准差	标准误差	95%置信区间/95%		最小值	最大值	多重比较 α=0.05	子集检验 Ducan
					下限	上限				
物种丰度	1	9.43	2.878	1.088	6.77	12.09	5	14	1 与 3、4；2 与 3、4；具有显著差异	4、3；3、1 和 1、2 分别为一个子集
	2	9.75	2.964	1.048	7.27	12.23	7	15		
	3	7.50	1.703	0.334	6.81	8.19	5	12		
	4	6.83	1.722	0.703	5.03	8.64	5	9		
	合计	8.09	2.339	0.341	7.40	8.77	5	15		
群落密度（株/m²）	1	152.29	50.684	19.157	105.41	199.16	82	218	3 与 1、2、4 之间存在差异	3 一个子集；1、2、4 一个子集。
	2	173.00	69.941	24.728	114.53	231.47	89	272		
	3	105.96	33.999	6.668	92.23	119.69	63	168		
	4	150.00	44.506	18.170	103.29	196.71	79	213		
	合计	129.89	51.951	7.578	114.64	145.15	63	272		
群落高度（cm）	1	25.86	8.454	3.195	18.04	33.68	16.0	38.0	1、4；2、4；3、4；4 和 1、2、3 差异显著	4 一个子集；1、2、3 一个子集
	2	19.78	8.682	3.070	12.527	27.03	10.0	30.0		
	3	20.04	6.726	1.319	17.32	22.76	6.0	32.0		
	4	35.50	9.628	3.931	25.40	45.60	25.0	45.0		
	合计	22.83	9.156	1.335	20.15	25.52	6.0	45.0		
生物量（g/m²）	1	86.32	11.028	4.168	76.121	96.52	73.7	102.5	无显著差异	一个子集
	2	86.89	22.565	7.978	68.024	105.75	44.7	119.6		
	3	98.92	48.564	9.524	79.305	118.55	51.3	230.4		
	4	77.85	21.908	8.944	54.855	100.84	44.8	105.5		
	合计	92.31	38.598	5.630	80.973	103.64	44.7	230.4		
枯落物（g/m²）	1	89.00	44.900	16.971	47.475	130.525	45.0	157.0	无显著差异	一个子集
	2	67.88	41.526	14.682	33.158	102.592	18.0	115.0		
	3	81.96	64.535	12.656	55.895	108.028	20.0	270.0		
	4	99.67	39.823	16.258	57.875	141.458	46.0	160.0		
	合计	82.87	55.166	8.0468	66.675	99.070	18.0	270.0		
群落盖度（%）	1	37.57	9.964	3.766	28.36	46.79	20	48	无显著差异	一个子集
	2	45.00	17.928	6.339	30.01	59.99	25	85		
	3	42.58	13.207	2.590	37.24	47.91	26	80		
	4	42.00	11.713	4.782	29.71	54.29	20	54		
	合计	42.17	13.277	1.937	38.27	46.07	20	85		
香浓指数	1	2.2851	0.2324	0.0878	2.0702	2.5001	1.900	2.492	1 与 3、4；2 与 3、4；有显著差异。	3 一个子集；4 一个子集；1、2 一个子集
	2	2.3675	0.1990	0.0704	2.2011	2.5339	2.043	2.583		
	3	1.7899	0.4805	0.0942	1.5958	1.9840	0.774	2.875		
	4	1.3462	0.2782	0.1136	1.0542	1.6381	0.966	1.724		
	合计	1.9053	0.5043	0.0736	1.7572	2.0534	0.774	2.875		

（续）

指标	群落编号	平均值	标准差	标准误差	95%置信区间/95% 下限	95%置信区间/95% 上限	最小值	最大值	多重比较 α=0.05	子集检验 Ducan
农均指数	1	0.7290	0.0898	0.0340	0.6459	0.8121	0.618	0.876	1与3、4；2与3、4；3与4；有显著差异	4一个子集；1、2、3一个子集
	2	0.7410	0.0957	0.0338	0.6610	0.8210	0.626	0.861		
	3	0.6187	0.1315	0.0258	0.5656	0.6718	0.299	0.802		
	4	0.4973	0.1128	0.0461	0.3789	0.6158	0.404	0.692		
	合计	0.6404	0.1383	0.0202	0.5998	0.6810	0.299	0.876		
sp指数	1	1.7766	0.3197	0.1208	1.4809	2.0723	1.329	2.219	1与4，2与4，3与4有显著差异	4子集；1、2、3子集
	2	1.9222	0.3915	0.1384	1.5950	2.2495	1.296	2.481		
	3	1.5700	0.5381	0.1055	1.3527	1.7874	0.337	2.626		
	4	0.8078	0.2351	0.0960	0.5611	1.0545	0.613	1.112		
	合计	1.5634	0.5512	0.0804	1.4016	1.7253	0.337	2.626		

注：群落1的样方数 $N1=7$；群落2的样方数 $N2=8$；群落3的样方数 $N3=26$；群落4的样方数 $N4=6$。

四种群落类型的盖度、地上生物量和枯落物三个指标没有显著差异。群落盖度介于 37%～45% 之间；平均地上生物量 92.31g/m²，以铁杆蒿群落较多 98.92g/m²，茭蒿群落较低 77.85g/m²；地上枯落物量平均 82.87g/m²，茭蒿群落较多 99.67g/m²，针茅 + 铁杆蒿混生群落较低 67.88g/m²。

茭蒿单优群落香浓指数最小（1.3462），与其他三类差异显著；趋于单优发展的铁杆蒿群落次之（1.7899），与其他三类差异显著；其次是茭蒿 + 铁杆蒿 + 针茅群落（2.2851）和针茅 + 铁杆蒿 + 星毛委陵菜混生群落（2.3675），这两类差异不显著；单优茭蒿、铁杆蒿单优群落差异显著。即单优茭蒿群落香浓指数最小，其次是趋于单优的铁杆蒿群落，混生的群落香浓指数相对较高。反映了群落趋于稳定性较高的群落，香浓指数较低。

单优茭蒿群落香浓均衡指数最小（0.4973），且与其他三类群落存在显著差异；趋于单优的铁杆蒿群落均衡指数次小（0.6187），第一类茭蒿 + 铁杆蒿群落（0.7290）和第二类针茅 + 铁杆蒿 + 星毛委陵菜群落均衡指数（0.7410）最高；即单优茭蒿群落香浓均衡指数最小，其次是趋于单优的铁杆蒿群落，混生的群落香浓均衡指数相对较高。说明混生的群落物种多，每个物种由于竞争作用，表现为比较多的个体。单优群落优势种占较多的植株个体，表现为种间个体数量差异较大。

第四类茭蒿单优群落辛普森指数最低（0.8078），且与其他三类存在显著差异；第一、二、三类群落辛普森指数差异不明显，但是，仍以趋于单优的铁杆蒿群落次低（1.5700），茭蒿 + 铁杆蒿 + 针茅混生群落（1.7766）、针茅 + 铁杆蒿 + 星毛委陵菜混生群落（1.9222）。也说明了群落趋于单优的方向发展，越趋于形成典型的群落类型，辛普森指数趋于较小，群落比较稳定。

综上分析可知，半阳向四种植物群落类型盖度、地上生物量和枯落物三个指标没有显著差异，群落平均盖度较低介于 37%～45%，平均地上生物量和枯落物分别为 92.31g/m²、82.87g/m²，干旱的气候和土壤，导致半阳坡生产力比较低。

物种丰度、香浓指数、香浓均衡指数和修正的辛普森指数从小到大的群落排序都是：单优的茭蒿群落<趋于单优的铁杆蒿群落<茭蒿＋铁杆蒿＋针茅混生群落<针茅＋铁杆蒿＋星毛委陵菜混生群落。这和具有最大重要值物种的群落排序正好相一致，即越趋于单优的群落，群落的物种丰度、香浓指数、香浓均匀指数和辛普森指数越小，也就是说其群落物种越少、种间个体数量差异越大。植物群落在演替过渡阶段，物种相对丰富，种间竞争强烈，当一个或几个种竞争占优势以后，物种数量逐渐减少，群落也逐渐趋于稳定。

典型单优茭蒿群落物种丰度、香浓指数、香浓均衡指数和修正的辛普森指数均值分别为6.83、1.3462、0.4973 和 0.8078；趋于单优的铁杆蒿群落的相应指数分别为：7.54、1.7899、0.6187 和 1.5700；有比较明显建群植物的茭蒿＋铁杆蒿＋针茅混生群落相关指数为：9.75、2.2851、0.7290 和 1.7766；针茅＋铁杆蒿＋星毛委陵菜混生群落相应指数分别为：9.43、2.3675、0.7410 和 1.9222。

单优茭蒿群落均高 35.5cm 与其他三类群落均高（20～26cm）差异显著，由于茭蒿在群落中个体高且较多，趋于单优的铁杆蒿混生群落的密度最低 105.96 株/m^2（铁杆蒿分支多个体较大所致），其他三种类型群落之间密度差异不明显，分别为 152.29 株/m^2、173.00 株/m^{2}和 150.00 株/m^2。

3.2.4　小　结

（1）半阳坡共出现植物 38 种，其中灌木黄花铁线莲 1 种，草木 37 种。主要物种重要值从大到小依次为：铁杆蒿 0.307、茭蒿 0.163、针茅 0.120、星毛委陵菜 0.079、胡枝子 0.074、阿尔泰紫菀 0.028、冷蒿 0.027、委陵菜 0.024、鳍蓟 0.023、毛隐子草 0.020、白羊草 0.019。星毛委陵菜和冷蒿个体较矮，处于群落的亚高层，所以，半阳坡建群植物种以铁杆蒿、茭蒿、针茅、胡枝子为主。

（2）从重要值的各分指标来看，草被主层次相对盖度、相对密度和相对优势度从大到小的主要植物种依次为：铁杆蒿、茭蒿、针茅、胡枝子等。而相对频度排序铁杆蒿、胡枝子、针茅、茭蒿等。说明茭蒿在目前半阳坡出现的频率相对较低，分布不广，土壤水分仍能满足铁杆蒿等耐阴植物的生长，但是已经逐渐显示出茭蒿耐旱和极强的竞争能力。铁杆蒿、胡枝子、针茅、阿尔泰紫菀具有广布分布性。星毛委陵菜局部分布较广，白羊草等其他植物伴生在不同的群落之中。

（3）半阳向植物群落划分命名为：茭蒿＋铁杆蒿＋针茅混生群落、针茅＋铁杆蒿＋星毛委陵菜混生群落、铁杆蒿＋针茅群落（趋于铁杆蒿群落）和茭蒿单优群落 4 个类型。趋于单优的铁杆蒿＋针茅群落样方比率占 51.32%，其他三类型群落的样方数（占 12%～17%）差异不大。单优茭蒿群落出现的植物种占全部种类比率较少（39.47%），其他类型的群落出现物种数较多但差异不大，占总植物数的 65.79%～71.05%。

（4）4 种植物群落类型盖度、地上生物量和枯落物三个指标没有显著差异，群落平均盖度较低介于 37%～45%，平均地上生物量和枯落物分别为 92.31g/m^2、82.87g/m^2，半阳坡生产力比较低。

（5）物种丰度、香浓指数、香浓均衡指数和修正的辛普森指数从小到大的群落排序都是：单优的茭蒿群落 < 趋于单优的铁杆蒿群落 < 茭蒿 + 铁杆蒿 + 针茅混生群落 < 针茅 + 铁杆蒿 + 星毛委陵菜混生群落。这和具有最大重要值物种的群落排序正好相一致，即越趋于单优群落，群落的物种丰度、香浓指数、香浓均匀指数和辛普森指数越小，也就是说其群落物种越少、种间个体数量差异越大。植物群落在演替过渡阶段，物种相对丰富，种间竞争强烈，当一个或几个种竞争占优势以后，物种数量逐渐减少，群落也逐渐趋于稳定。

本研究表明，退耕封育 10 年的半阳坡草地以铁杆蒿混生群落为主，伴生有茭蒿单优群落、茭蒿 + 铁杆蒿群落和针茅 + 铁杆蒿群落。群落有逐渐向茭蒿单优和铁杆蒿单优的方向发展。

3.3 退耕封育半阴坡植被特征

3.3.1 半阴坡植被基本特征

从 10 个样地 37 个样方看，每平方米平均出现 10.4 个物种，平均盖度 42.35%，平均高度 23.34cm，但是盖度和高度的变异系数分别达到 0.5844、0.9847，说明样方植物的盖度和高度变化很大，主要与样方内的植物组成有关，茭蒿个体多、高度高，而星毛委陵菜虽然个体多，但个体很矮。地上部分平均生物量和枯落物分别达到 105.47g/m² 和 116.49 g/m²，平均密度 143.46 n/m²，香浓指数 3.3472、香浓均衡指数 0.6809、修正的辛普森指数 1.7999。

总体来看重要性比例 ≥ 0.50 的样方数较少，铁杆蒿、茭蒿、针茅和星毛委陵菜四种植物重要性比例 ≥ 0.50 的样方比率分别为 13.51%、10.81%、2.70% 和 5.40%，合计 32.42%。所以，阴坡半阴坡出现典型单优植物的样方较少，单优群落发展不完善。

表 3-9 半阴坡植被样方的相关指标

Tab. 3-9 Vegetation character of quadrats on semi-shady slope

指标	植物种类 N	盖度（%）	高度（cm）	密度（n/m²）	生物量（g/m²）	枯落物重（g/m²）	香浓指数 H'（Shannon-Wiener）	香浓均衡度指数 E	修正的辛普森 Simpson 指数
平均	10.4	42.35	23.34	143.46	105.47	116.49	3.3472	0.6809	1.7999
最大	15.0	88.0	47.0	284.0	244.08	302.0	3.9069	0.9051	2.9808
最小	5.0	18.0	7.0	79.0	43.38	10.0	2.3219	0.4353	0.7487
变异系数	0.203	0.584	0.985	0.153	0.070	0.042	0.088	0.043	0.201

在调查的整个 37 个样方中，出现植物 34 种，重要值从大到小的排序为铁杆蒿(0.220) > 茭蒿(0.159) > 针茅(0.107)、星毛委陵菜(0.092) > 胡枝子(0.056) > 百里香(0.050)；相对盖度排序为铁杆蒿(0.257) > 茭蒿(0.187) > 针茅(0.151) > 星毛委陵菜(0.087) > 百里香(0.049)胡枝子(0.051)。

表 3-10　半阴坡植物重要值

Tab. 3-10　Plant important valueson semi-shady slope

植物种	重要值	相对盖度(%)	相对密度(%)	相对优势度(%)	相对频度(%)
铁杆蒿	0.220	25.75	19.80	33.41	9.04
茭蒿	0.159	18.69	21.89	16.16	6.98
针茅	0.107	15.11	9.53	10.54	7.49
星毛委陵菜	0.092	8.72	17.77	4.77	5.43
胡枝子	0.056	5.14	4.84	4.75	7.75
百里香	0.050	7.94	3.94	5.16	2.84
火绒草	0.029	2.60	2.13	1.78	4.91
赖草	0.027	1.87	3.41	3.03	2.33
委陵菜	0.022	2.08	1.45	1.29	3.88
鳍蓟	0.022	1.51	0.30	3.99	2.84
狗娃花	0.020	0.52	1.45	0.74	5.43
远志	0.020	0.31	1.79	0.64	5.17
白羊草	0.019	1.40	2.26	0.94	2.84
蓬子菜	0.017	1.87	0.98	2.40	1.55
早熟禾	0.017	0.73	1.45	1.10	3.36
沙参	0.015	0.52	1.26	1.28	2.84
窄颖赖草	0.013	1.09	1.39	1.91	0.78
黄芪	0.010	0.16	0.38	0.49	2.84
柴胡	0.009	0.21	0.92	0.48	2.07
黄花铁线莲	0.008	1.09	0.09	1.58	0.52
山莴苣	0.007	0.67	0.55	0.15	1.55
二裂叶委陵菜	0.007	0.00	0.30	0.21	2.33
刺儿菜	0.007	0.67	0.34	0.59	1.03
野韭菜	0.006	0.00	0.23	0.11	2.07
茵陈蒿	0.005	0.00	0.23	0.12	1.81
琉璃草	0.005	0.26	0.09	0.73	1.03
草木樨状黄芪	0.005	0.26	0.09	0.41	1.29
防风	0.005	0.00	0.13	0.05	1.81
冷蒿	0.004	0.67	0.19	0.45	0.26
毛隐子草	0.004	0.00	0.19	0.09	1.29
蒲公英	0.002	0.00	0.09	0.14	0.78
地丁	0.002	0.00	0.06	0.03	0.78
抱茎苦麦菜	0.002	0.00	0.04	0.03	0.52
糙叶黄芪	0.001	0.10	0.09	0.09	0.26
红纹马仙蒿	0.001	0.00	0.11	0.12	0.26
多歧沙参	0.001	0.05	0.04	0.02	0.26
芦苇	0.001	0.00	0.04	0.05	0.26
小叶杨	0.001	0.00	0.02	0.05	0.26
黑水亚麻	0.001	0.00	0.06	0.01	0.26
山丹	0.001	0.00	0.02	0.04	0.26
麻花头	0.001	0.00	0.02	0.03	0.26
老鹳草	0.001	0.00	0.02	0.01	0.26
黄花菜	0.001	0.00	0.02	0.00	0.26

相对密度排序：茭蒿(21.89%) > 铁杆蒿(19.80%) > 星毛委陵菜(17.77%)、针茅(9.53%) > 胡枝子(4.84%) > 百里香(3.94%)。

相对优势度：铁杆蒿(33.41%) > 茭蒿(16.16%) > 针茅(10.54%) > 百里香(5.16%) > 星毛委陵菜(4.77%) > 胡枝子(4.75%)。

相对频率：铁杆蒿(9.04%) > 胡枝子(7.75%) > 针茅(7.49%) > 茭蒿(6.98%) > 星毛委陵菜(5.43%)和阿尔泰紫菀(5.43%)。相对盖度大小排序与重要值排序基本相同。相对密度以茭蒿最大，茭蒿的相对频率明显低于铁杆蒿和胡枝子，而百里香的相对频率远远低于上面几个植物种。

说明阴坡半阴坡植被以铁杆蒿、茭蒿和针茅为主，星毛委陵菜个体较矮，处于贴地被层，星毛委陵菜与胡枝子、百里香构成次要植物。

铁杆蒿分布广、盖度大、地上生物量大、个体密度也多，成为阴坡半阴坡的第一建群优势植物；茭蒿以个体密度最大、生物量大、盖度大，但是相对频率较小，反映了局地环境茭蒿分布相对集中的特点(茭蒿相对比较喜欢阳坡生长)；虽然相对频率高，但盖度、密度、优势度都小，说明胡枝子分布广、个体少的特征；虽然百里香的相对频率较小，它已经成为阴坡、半阴坡主要伴生种。

3.3.2 半阴坡植物群落特征

由聚类树状图可以看出，半阴坡植物样方，被聚类为 2～9 类时，类间相对距离都大于13.0，从聚类过程和结果看，第 28 号样方首先从样方中分离出来，它是以赖草占绝对优势的样方，赖草重要性比例 0.5102，伴生铁杆蒿(重要性比例 0.2882)。

当被聚为 3 类时，第 7、9、25、29 四个样方被进一步分离出来，这四个样方均以星毛委陵菜为主体，且重要性比例值分别为 0.3492、0.4639、0.5414 和 0.5278。这四个样方共出现 24 种植物，星毛委陵菜重要值 0.3765，其他植物如铁杆蒿(0.0734)、茭蒿(0.0698)、胡枝子(0.0631)等重要值都比较接近且小于 0.08。星毛委陵菜个体小，虽然重要值较大，但是样方数少，占总样方数的 10.81%，所以，可以认为这是阴坡、半阴坡隐域的局地星毛委陵菜 + 铁杆蒿植被类型。另一类 32 个样方中共出现 43 种植物，铁杆蒿、茭蒿、针茅的重要值分别达到 0.2368、0.1733 和 0.1169，而个体较小较矮的星毛委陵菜、百里香重要值 0.0589、0.0565。因此，可以分为铁杆蒿茭蒿针茅层和星毛委陵菜百里香亚层，群落类型可以命名为铁杆蒿 + 茭蒿 + 针茅群落。

当聚类成 4 种类型时，是把铁杆蒿 + 茭蒿 + 针茅群落划分成两类，这两类都以铁杆蒿、茭蒿、针茅为主要植物，只是重要值略有差异，所以可以认为是铁杆蒿混生群落的两个亚类。一类样方 9 个，出现 30 种植物，主要植物重要值分别为茭蒿 0.4025、铁杆蒿 0.1704、针茅 0.0727、胡枝子 0.0510 等，另一类 23 个样方中出现 40 种植物，主要植物重要值分别为铁杆蒿 0.2660、针茅 0.1364、星毛委陵菜 0.0786、茭蒿 0.0726、百里香 0.0721 和胡枝子0.0567 等，分别被命名为：茭蒿 + 铁杆蒿 + 针茅群落、铁杆蒿 + 针茅 + 茭蒿群落。

聚类为 5 类，22 和 23 样方被分离成一类；聚类为 6 类时，原来的铁杆蒿 + 针茅 + 茭蒿群落被分为两个类型：一类为针茅 + 铁杆蒿 + 百里香群落，6 个样方 22 种植物，其中重要值比较大的植物有针茅(0.294)、铁杆蒿(0.152)、百里香(0.130)、茭蒿(0.090)等；另一类为铁杆蒿 + 针茅 + 茭蒿群落，15 个样方 38 种植物，重要值比较大的植物有铁杆蒿(0.328)、针茅(0.077)、茭蒿(0.074)、星毛委陵菜(0.104)、百里香(0.053)等。

聚类为 7、8 类时，35、36 样方分别被聚为一类，当样方被划分为 9 类时，排除隐域环境形成的几个样方类别，如 28、35、31、22、23 号样方，可以划分为五大类：星毛委陵菜 + 铁杆蒿类、茭蒿 + 铁杆蒿 + 针茅类、铁杆蒿 + 针茅 + 茭蒿 + 星毛委陵菜类、针茅 + 铁杆蒿 + 百里香 + 茭蒿类和铁杆蒿 + 百里香 + 星毛委陵菜类。

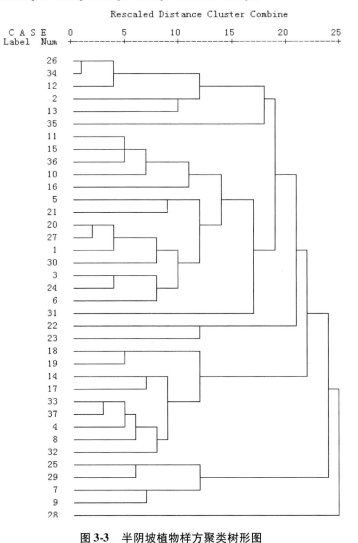

图 3-3 半阴坡植物样方聚类树形图

Fig. 3-3 Cluster tree dendrogram of quadrates by plans important ratio on semi-shady slope

综上所述，半阴坡 31 个样方被分别分为 2~5 类时，星毛委陵菜为主的群类，样方数少，植物个体矮小，不能成为真正意义上的一类群落，只能当做隐域环境条件下的局地团块状分布的植物群集。只有一类茭蒿 + 铁杆蒿 + 针茅群类中茭蒿的重要值 0.4 以上，其他聚类群主要植物都是由铁杆蒿、针茅、茭蒿构成，亚层植物有星毛委陵菜、百里香等，各类中植物的重要值没有超过 0.4 的，所以，把这些类统统归为一大类。得出阴坡、半阴坡植物群落为两大类，三个亚类。即，茭蒿 + 铁杆蒿 + 针茅群落（占 24.32%）和铁杆蒿 + 针茅 + 茭蒿（星毛委陵菜 + 百里香）群落（占 62.16%）。铁杆蒿混生群落可以分为铁杆蒿 + 针茅 + 茭蒿 + 星毛委陵菜群落亚类、针茅 + 铁杆蒿 + 百里香群落亚类、铁杆蒿 + 百里香 + 星毛委陵菜群落亚类。

3.3.3 半阴坡植物群落物种多样性特征

两大类茭蒿和铁杆蒿混生群落相比较，在物种丰度、香浓指数、群落盖度、地上部分生物量和枯落物五项指标差异不显著，样方之间变异系数小。但是，物种丰度和香浓指数以茭蒿群落较大，群落盖度、地上部分生物量和枯落物以铁杆蒿群落较大。物种丰度平均10.34，香浓指数平均 3.3346，群落盖度平均 43.44%，地上部分生物量平均 114.42g/m^2。枯落物平均 122.78g/m^2。

群落高度、群落密度、香浓均衡指数和辛普森指数差异显著并以茭蒿混生群落高度高、密度大，铁杆蒿混生群落的香浓均衡指数和辛普森指数大于茭蒿混生群落。茭蒿群落类型平均高度样方之间变异大，变异系数达到 0.404，最高 47cm，最低 24cm，平均高度达到33.22cm，明显高于铁杆蒿群落 21.41cm；茭蒿群落密度 158.00 株/m^2，铁杆蒿群落 129.13株/m^2。

表 3-11 半阴坡植物群落两种类型各项指标比较

Tab. 3-11 Vegetation character of quadrats on semi-shady slope

类型	统计量	物种数（N）	盖度（%）	高度（cm）	密度（n/m^2）	生物量（g/m^2）	枯落物量（g/m^2）	香浓指数	香浓均衡指数	辛普森指数
茭蒿混生群落	平均	10.11	45.00	33.22	158.0	114.88	130.44	3.3159	0.6188	1.4317
	最大	13.00	75.00	47.00	251.0	133.72	225.00	3.7004	0.8134	1.9235
	最小	7.00	22.00	25.00	112.0	97.87	54.00	2.8074	0.4353	0.7487
	变异系数	0.000	0.314	0.404	0.018	0.073	0.282	0.000	0.119	0.009
铁杆蒿群落	平均	10.435	42.83	21.41	129.1	110.07	119.78	3.3420	0.7091	2.0542
	最大	15.00	88.00	38.00	180.0	244.08	302.00	3.9069	0.9051	2.9808
	最小	5.00	18.00	7.00	79.0	48.89	10.00	2.3219	0.5318	0.9512
	变异系数	0.068	0.000	0.050	0.131	0.084	0.053	0.024	0.083	0.123
差异性		不显著	不显著	显著	显著	不显著	不显著	不显著	显著	显著

香浓均衡指数具有明显差异，茭蒿群落类型均衡度 0.6188 小于铁杆蒿群落 0.7091，物种个体数之间差异较大，说明茭蒿个体在群落中占优势。辛普森指茭蒿群落 1.4317，铁杆蒿群落 2.054。

表 3-12　半阴坡两大类群落类型特征指标比较

Tab. 3-12　Comparative analysis of plant community structure characteristics on semi-shady slope

指标	群落编号	平均值	标准差	标准误差	95%置信区间 下限	95%置信区间 上限	最小值	最大值	方差分析（显著值）
物种丰度	1	10.11	1.833	0.611	8.70	11.52	7.0	13.0	不显著
	2	10.43	2.390	0.498	9.40	11.47	5.0	15.0	
	合计	10.34	2.223	0.393	9.54	11.15	5.0	15.0	(0.718)
群落盖度	1	45.00	16.96	5.652	31.97	58.03	22.0	75.0	不显著
	2	42.83	15.40	3.212	36.17	49.49	18.0	88.0	
	合计	43.44	15.616	2.759	37.81	49.06	18.0	88.0	(0.729)
群落高度	1	33.22	8.570	2.857	26.64	39.81	25.0	47.0	显著
	2	21.41	9.377	1.955	17.36	25.47	7.0	38.0	
	合计	24.73	10.510	1.858	20.95	28.52	7.0	47.0	(0.003)
群落密度	1	158.00	45.785	15.262	122.81	193.19	112	251	显著
	2	129.13	27.720	5.780	117.14	141.12	79	180	
	合计	137.25	35.499	6.275	124.45	150.05	79	251	(0.036)
生物量	1	114.88	14.282	4.761	103.91	125.86	97.87	133.72	不显著
	2	110.07	47.199	9.842	89.66	130.48	48.89	244.08	
	合计	111.42	40.478	7.156	96.83	126.01	48.89	244.08	(0.768)
枯落物	1	130.44	55.512	18.504	87.77	173.11	54.00	225.00	不显著
	2	119.78	79.723	16.623	85.31	154.26	10.00	302.00	
	合计	122.78	73.003	12.905	96.46	149.10	10.00	302.00	(0.717)
香浓指数	1	3.316	0.2702	0.0901	3.108	3.524	2.807	3.7004	不显著
	2	3.342	0.3682	.07677	3.183	3.501	2.322	3.9069	
	合计	3.335	0.3394	0.0600	3.212	3.457	2.322	3.9069	(0.849)
香浓均衡	1	0.619	0.1258	0.0419	0.522	0.715	0.435	0.813	显著
	2	0.709	0.1017	0.0212	0.665	0.753	0.532	0.905	
	合计	0.684	0.1146	0.0202	0.642	0.725	0.435	0.905	(0.043)
辛普森指数	1	1.432	0.4194	0.1398			1.754	0.749	显著
	2	2.054	0.5240	0.1093			2.281	0.951	
	合计	1.879	0.5667	0.1002			2.083	0.749	(0.003)

注：高度(cm)、密度(株/m²)、盖度(%)、生物量和枯落物(g/m²)。

　　结合各类型植物重要值可以看出，茭蒿群落与铁杆蒿群落在物种丰度没有差异的情况下，茭蒿重要值 0.4025 远远大于铁杆蒿重要值 0.2660，说明两者最大的区别在于茭蒿群落种间个体数量差异大并以茭蒿为主，个体数多、生物量大。铁杆蒿群落物种间个体数变异较小、比较均衡。

3.3.4　小结

　　(1)半阴坡出现植物 34 种，以铁杆蒿、茭蒿和针茅为主，星毛委陵菜个体较矮，处于贴地被层，星毛委陵菜与胡枝子、百里香构成次要植物。特别是铁杆蒿分布广、盖度大、地上生物量大、个体密度也多，成为阴坡半阴坡的第一建群优势植物；茭蒿以个体密度最大、生物量大、盖度大，但是相对频率较小，反映了局地环境茭蒿分布相对集中的特点（茭蒿相对比较喜欢阳坡生长）；虽然相对频率高，但盖度、密度、优势度都小，说明胡枝子分布广、个体少的特征；虽然百里香的相对频率较小，它已经成为半阴坡主要伴生种。重要值从大到小的排序为铁杆蒿(0.2200) > 茭蒿(0.1593) > 针茅(0.1067)、星毛委陵菜(0.0917) > 胡枝子(0.0562) > 百里香(0.0497)；

（2）物种丰度平均10.4，平均盖度42.35%，平均高度23.34cm，但是盖度和高度的变异系数分别达到0.5844、0.9847。地上部分平均生物量和枯落物含量分别达到105.47 g/m² 和116.49 g/m²，平均密度143.46 n/m²，香浓指数3.3472、香浓均衡指数0.6809、修正的辛普森指数1.7999。

（3）重要性比例≥0.50或≥0.45的样方数较少，铁杆蒿、茭蒿、针茅和星毛委陵菜四种植物重要性比例≥0.50的样方比率分别为13.51%、10.81%、2.70%和5.4%，合计32.42%。所以，阴坡半阴坡出现典型单优植物的样方较少，单优群落发展不完善。

（4）阴坡、半阴坡植物群落为两大类，五个亚类。即，茭蒿 + 铁杆蒿 + 针茅群落（占24.32%）和铁杆蒿 + 针茅 + 茭蒿（星毛委陵菜 + 百里香）群落（占62.16%）。铁杆蒿混生群落可以分为铁杆蒿 + 针茅 + 茭蒿 + 星毛委陵菜群落亚类、针茅 + 铁杆蒿 + 百里香群落亚类、铁杆蒿 + 百里香 + 星毛委陵菜群落亚类，再加上局域星毛委陵菜 + 铁杆蒿群落亚类。

（5）两大类茭蒿和铁杆蒿混生群落相比较，在物种丰度、香浓指数、群落盖度、地上部分生物量和枯落物五项指标差异不显著，样方之间变异系数小。但是，物种丰度和香浓指数以茭蒿群落较大，群落盖度、地上部分生物量和枯落物以铁杆蒿群落较大。物种丰度平均10.34，香浓指数平均3.3346，群落盖度平均43.44%，地上部分生物量平均114.42g/m²，枯落物平均122.78 g/m²。群落高度、群落密度、香浓均衡指数和辛普森指数差异显著并以茭蒿混生群落植物高平均33.22cm，密度达158.00 株/m²，茭蒿个体数量多，群落内种间个体差异大并以茭蒿为主体。铁杆蒿混生群落香浓均衡指数和辛普森指数大于茭蒿混生群落，铁杆蒿群落物种间个体数变异较小、比较均衡。

3.4 三坡向植被特征比较

从植物组成来看，阳坡出现植物23种，半阳坡38种、阴半阴坡34种。阳坡以茭蒿为主，其次是铁杆蒿，两种植物重要值分别0.337、0.243，之和0.580，重要值排在前十位的是：茭蒿、铁杆蒿、胡枝子、针茅、阿尔泰紫菀、毛隐子草、早熟禾、远志、茵陈蒿、白羊草。半阳坡以铁杆蒿重要值最大0.307，茭蒿次之0.163，针茅0.120，三者之和0.590，重要值排在前十位的植物依次为：铁杆蒿、茭蒿、针茅、星毛委陵菜、胡枝子、阿尔泰紫菀、冷蒿、委陵菜、鳍蓟、毛隐子草。阴半阴坡重要值累计大于0.5的植物有铁杆蒿0.220、茭蒿0.159、针茅0.107、星毛委陵菜0.092，合计0.578。重要值前十位植物依次为：铁杆蒿、茭蒿、针茅、星毛委陵菜、胡枝子、百里香、火绒草、赖草、委陵菜、鳍蓟。即从阳坡、半阳坡到阴半阴坡植物种类逐渐增多，阳坡以茭蒿为主、半阳坡及阴坡半阴坡以铁杆蒿为。星毛委陵菜和百里香在半阳坡、阴坡、半阴坡逐渐增多，而白羊草逐渐减少。

表 3-13　不同坡向植被特征

Tab. 3-13　Vegetation character of quadrats on semi-shady slope，semi-sunny slope and sunny slope

坡向	指标	植物种数（种）	总株数（N/m²）	盖度（%）	高度（cm）	枯落物重（g/m²）	生物量（g/m²）	香浓（Shannon-Wiener）指数 H'	香浓均衡度指数 E	修正的Simpson指数
阳坡	平均	7.8	113.1	36.0	20.5	69.7	70.049	1.679	0.568	1.338
	最大值	11.0	235.0	63.0	35.0	140.0	115.36	2.675	0.795	2.595
	最小值	5.000	42.0	18.0	12.0	14.0	32.23	0.317	0.136	0.122
	变异系数	0.218	0.461	0.313	0.314	0.553	0.325	0.306	0.264	0.440
半阳坡	平均	8.1	132.3	42.1	22.6	81.5	91.77	1.905	0.640	1.556
	最大值	15.0	272.0	85.0	45.0	270.0	230.44	2.875	0.876	2.626
	最小值	5.0	63.0	20.0	6.0	18.0	44.71	0.774	0.299	0.337
	变异系数	0.286	0.408	0.312	0.407	0.679	0.418	0.262	0.214	0.352
半阴坡	平均	10.4	143.5	42.4	23.3	116.5	105.47	3.347	0.681	1.800
	最大	15	284	88	47.0	302.0	244.08	3.907	0.905	2.981
	最小	5	79	18	7.0	10.0	43.38	2.322	0.435	0.749
	变异系数	0.203	0.153	0.584	0.985	0.043	0.070	0.088	0.043	0.201

阳坡植物群落分为三类：茭蒿群落类型、铁杆蒿群落类型、铁杆蒿 + 茭蒿 + 胡枝子群落，茭蒿群落和铁杆蒿群落属于典型的单优群落类型；半阳坡植物群落四类：茭蒿单优群落、（趋于）铁杆蒿（ + 针茅）群落、针茅 + 铁杆蒿 + 星毛委陵菜群落、茭蒿 + 铁杆蒿 + 针茅混生群落，仅有单优的茭蒿群落；而阴坡半阴坡植物群落分为 2 大类 5 亚类：茭蒿 + 铁杆蒿 + 针茅群落、铁杆蒿 + 针茅 + 茭蒿群落，5 亚类：茭蒿 + 铁杆蒿 + 针茅群落亚类、铁杆蒿 + 针茅 + 茭蒿 + 星毛委陵菜群落亚类、针茅 + 铁杆蒿 + 百里香 + 茭蒿群落亚类、铁杆蒿 + 百里香 + 星毛委陵菜群落亚类、星毛委陵菜 + 铁杆蒿群落亚类，没有单优的群落类型。

阳坡、半阳坡、半阴坡，随着日照时间逐渐缩短，物种丰度、植物密度、群落盖度、地上生物量、枯落物、香浓指数、香浓均衡指数、辛普森指数逐渐增大。相比较而言，坡面群落平均盖度（36.00% ~ 42.35%）、高度（20.5 ~ 23.3cm）差别不大，阴坡半阴坡高度的变异系数较大 0.985。物种丰度、香浓指数阳坡半阳坡差别不大，阳坡分别为 7.8、1.679，半阳坡分别为 8.0、1.905，而阴坡半阴坡达到 10.24 和 3.347. 即阴坡半阴坡物种丰度、香浓多样性指数明显大于阳坡半阳坡，且群落生物量、密度和物种均衡指数较大。

整体来看，吴起封育 10 年草地，群落平均盖度低于 50%，平均高度低于 25cm，地上平均生物量小于 110g/m²，不能有效地控制水土流失。

3.5　小　结

阳坡植物 23 种（包括一种灌木），以茭蒿和铁杆蒿为优势植物，次要优势植物有胡枝子、针茅，伴生植物以阿尔泰紫菀、毛隐子草和早熟禾为主。可划分为茭蒿单优群落、趋于单优的铁杆蒿群落和铁杆蒿+茭蒿+胡枝子混生群落，并以茭蒿单优群落和趋于单优的铁杆蒿群落为主。三种群落类型物种丰度、群落盖度、地上生物量均值两两之间各项指标没有显著差异，丰度均值范围在 7.27~8.33 之间，平均 7.86；盖度均值范围在 31.08%~40.55% 之间，平均 35.72%；地上生物量 64.10~79.59g/m^2，平均 70.56g/m^2。单优茭蒿群落与铁杆蒿群落、铁杆蒿+茭蒿群落之间群落高度、枯落物、香浓指数和辛普森指数 4 个指标都存在显著差异，而两个铁杆蒿群落之间高度没有显著差异。表现为单优的茭蒿群落高度最高平均 26.27cm、枯落物最多 102.82g/m^2、香浓指数最小 1.318、辛普森指数最小 0.855。单优茭蒿群落与趋于单优的铁杆蒿群落群落香浓均衡指数差异不显著，而两个铁杆蒿类型的群落之间差异显著，茭蒿群落香浓均衡指数最小 0.460，其次是趋于单优的铁杆蒿群落 0.582，铁杆蒿+茭蒿混生群落的香浓均衡指数较高 0.708。说明群落向单优的趋势发展，物种数量减少、竞争之后相对稳定的物种个体数量趋于均衡，表现出香浓指数和辛普森指数小，而香浓均衡指数增大。

半阳坡共出现植物 38 种(其中灌木黄花铁线莲 1 种)，建群植物种以铁杆蒿、茭蒿、针茅、胡枝子为主。茭蒿+铁杆蒿+针茅混生群落、针茅+铁杆蒿+星毛委陵菜混生群落、铁杆蒿+针茅群落(趋于铁杆蒿群落)和茭蒿单优群落 4 个类型。4 种植物群落类型盖度、地上生物量和枯落物三个指标没有显著差异，群落平均盖度较低介于 37%~45%，平均地上生物量和枯落物分别为 92.31g/m^2、82.87g/m^2。物种丰度、香浓指数、香浓均衡指数和修正的辛普森指数从小到大的群落排序都是：单优的茭蒿群落<趋于单优的铁杆蒿群落<茭蒿+铁杆蒿+针茅混生群落<针茅+铁杆蒿+星毛委陵菜混生群落。即越趋于单优群落，群落的物种丰度、香浓指数、香浓均匀指数和辛普森指数越小，也就是说其群落物种越少、种间个体数量差异越大。植物群落在演替过渡阶段，物种相对丰富，种间竞争强烈，当一个或几个种竞争占优势以后，物种数量逐渐减少，群落也逐渐趋于稳定。

半阴坡出现植物 34 种，以铁杆蒿、茭蒿和针茅为主，星毛委陵菜个体较矮，处于贴地被层，星毛委陵菜与胡枝子、百里香构成次要植物。植物群落为两大类，五个亚类，茭蒿+铁杆蒿+针茅群落和铁杆蒿+针茅+茭蒿(星毛委陵菜+百里香)群落。铁杆蒿混生群落可以分为铁杆蒿+针茅+茭蒿+星毛委陵菜群落亚类、针茅+铁杆蒿+百里香群落亚类、铁杆蒿+百里香+星毛委陵菜群落亚类，再加上局域星毛委陵菜+铁杆蒿群落亚类。两大类茭蒿和铁杆蒿混生群落相比较，在物种丰度、香浓指数、群落盖度、地上部分生物量和枯落物五项指标差异不显著，样方之间变异系数小。物种丰度平均 10.34，香浓指数平均 3.3346，群落盖度平均 43.44%，地上部分生物量平均 114.42g/m^2，枯落物平均 122.78g/m^2。群落高度、群落密度、香浓均衡指数和辛普森指数差异显著并以茭蒿混生群落植物高平均 33.22cm、密度大 158.00 株/m^2，茭蒿个体数量多，群落内种间个体差异大且以茭蒿为主体。铁杆蒿混生群落香浓均衡指数和辛普森指数大于茭蒿混生群落，铁杆蒿群落物种间个体数变异较小、比较均衡。

三个坡面相比较，阳坡、半阳坡和阴半阴坡分别出现 23、38 和 34 种植物；阳坡以茭蒿为主导，其次是铁杆蒿，半阳坡和半阴坡以铁杆蒿、茭蒿和针茅为主；从阳坡、半阳坡到阴半阴坡植物种类逐渐增多，阳坡以茭蒿为主、半阳坡及阴坡半阴坡以铁杆蒿为。星毛委陵菜和百里香在半阳坡、阴坡、半阴坡逐渐增多，而白羊草逐渐减少。阳坡植物群落分为三类，半阳坡植物群落四类，半阴坡二类；阳坡和半阳坡均发育有茭蒿单优群落和趋于单优的铁杆蒿群落，而半阴坡没有单优的群落类型。阳坡、半阳坡、半阴坡，随着日照时间逐渐缩短，物种丰度、植物密度、群落盖度、地上生物量、枯落物、香浓指数、香浓均衡指数、辛普森指数逐渐增大。相比较而言，坡面群落平均盖度（36.00%~42.35%）、高度（20.5~23.3cm）差别不大，半阴坡高度的变异系数较大0.985。物种丰度、香浓指数阳坡半阳坡差别不大，阳坡分别为7.8、1.679，半阳坡分别为8.0、1.905，而阴坡半阴坡达到10.24和3.347.即阴坡半阴坡物种丰度、香浓多样性指数明显大于阳坡半阳坡，且群落生物量、密度和物种均衡指数较大。

第4章 微地形的形状及类型

微地形是指在土壤水力侵蚀作用下，在黄土沟谷地和沟间地上形成的浅沟、切沟、塌陷、陡坎、缓台等大小不等而形状各异的局部地形，由于坡面植物种的配置是以米为单位的，这里的微地形是指坡面范围在1米以上局部地形形态。立地条件类型是指具有相同立地条件的各个地段的综合，同一立地条件类型的林地具有相同的生产力并可采用相同的造林和育林技术措施。小班是造林规划设计的基本单位，其最小面积在地形图上不小于4mm^2，最大面积一般不超过25hm^2（南方不超过15hm^2）。小班区划的原则是每个小班内部的自然特征基本相同并与相邻小班又有显著差别，并尽量以明显的地物界线为界。所以，相邻的小班一般不属于同一种立地条件类型，但也可能属于相同的立地条件类型。因此，在一种立地条件类型中，或在一个规划小班中，可能会出现很多微地形。例如，在半阳向陡坡立地类型中，可能会出现浅沟、切沟、平缓坡或陡坎等（半阳向陡坡立地类型内的局部平缓坡或陡坎微地形）。

4.1 吴起县坡向和阳坡坡度组成

吴起县属于黄土高原梁状丘陵沟壑区，从大地形地貌来看，梁峁坡、沟坡和川台分别占69.72%、24.05%和6.23%，可见，在强烈的土壤侵蚀下，吴起县有93.77%土地形成沟壑，自然和人为共同作用下，在大的沟壑之间有6.23%的川台土地。阳和半阳向梁峁坡和沟坡分别占31.77%和12.49%，合计44.26%；半阳向峁坡和沟坡占25.78%，正阳坡占18.45%。即半阳坡面积比正阳坡面积多7.30%，这主要是受沟道西北-东南或东北-西南走向的影响。阳坡日照时间长、土壤蒸发大，再加上降雨稀少且季节间分配不均，往往形成较长时间的土壤春旱或冬春连旱，植被恢复的难度很大。

从坡度组成来看，吴起县土地面积最多的半阳坡，无论是峁坡还是沟坡，占地面积从大到小排序均为：陡坡＞缓坡＞平缓坡＞极陡坡＞急陡坡；阳峁坡和沟坡土地面积排序为：缓坡＞陡坡＞平缓坡＞极陡坡＞急陡坡。阳坡和半阳坡总面积表现为：陡坡（14.80%）＞缓坡（13.96%）＞平缓坡（7.44%）＞极陡坡（4.77%）＞急陡坡（0.33%）。（吴起县北部周湾镇等位于毛乌素沙地南缘农牧交错过渡地带，以风力侵蚀为主，相比之下其不同坡级的面积变异较小，所以，单就黄土沟壑区而言，不同坡级间面积比例差异会更大。）

表 4-1 吴起县地形地貌组成

Tab. 4-1 The topography constitute of Wuqi county, Shaanxi province

地形	坡向	比率(%)		
梁峁坡	阳坡	13.65	31.77	69.72
	半阳坡	18.12		
	阴坡和半阴坡	37.95	37.95	
沟坡	阳坡	4.83	12.49	24.05
	半阳坡	7.66		
	阴坡和半阴坡	11.56	11.56	
川台地		6.23	6.23	6.23
合计		100.00	100.00	100.00

综上所述,吴起县梁峁坡和沟坡面积占土地总面积的 93.77%,阳坡占 44.26%,其中正阳坡和半阳坡分别占 31.77% 和 12.49%。从坡度组成看,不同坡级所占面积排序为:陡坡(14.80%)>缓坡(13.96%)>平缓坡(7.44%)>极陡坡(4.77%)>急陡坡(0.33%)。

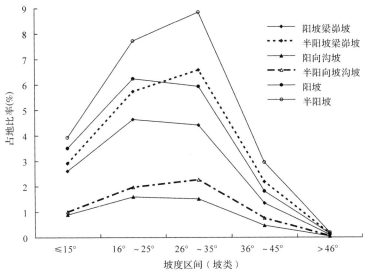

图 4-1 吴起县阳坡坡度组成

Fig. 4-1 Gradient constitute of sunny and semi-sunny slope in Wuqi county, Shaanxi province

4.2 切沟形状与类型

根据切沟大小(长、平均宽度、平均深度)和切沟两侧坡面坡度大小,42 个观测量聚类分析可知,切沟类型分为 2~3 类时,类间距离较大,类间特征比较明显。当分为两类时,第一类切沟称为大切沟,沟头就是峁坡和沟坡的沟缘线,沟道较长,平均长度 39.65

（32. 60~46. 00）m，宽度 13. 61（8. 7~17. 8）m，深度 7. 46（6. 30~12. 2）m，沟道两侧往往是 35~45°极陡坡，沟底起伏很大。第二类小切沟，平均长度 5. 91（2. 00~17. 30）m、宽度 3. 55（1. 70~6. 20）m、深度 2. 50（0. 57~6. 80）m，且沟两侧面陡峭（50~90°），沟底比较平坦；90. 7% 小切沟沟长在 9m 之内；当切沟被划分为 3 类时，只有一个观测量 4 从"小切沟"中被分离出来，此沟主要特征是沟长达到 30 余米之故。一般情况下，峁坡面这类切沟比较少，所以，在这里把切沟分为两大类：小切沟和大切沟。

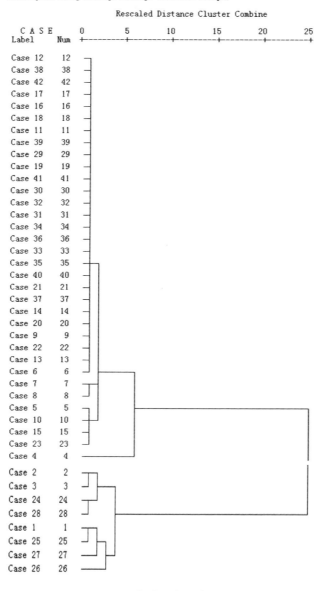

图 4-2　切沟形状聚类树状图

Fig. 4-2　clustering tree diagram of gully by gulling form

4.3　浅沟相对深度及间距

　　浅沟主要分布在峁坡坡面，梁顶和峁坡上部缓坡几乎没有浅沟，浅沟分布最多的是26°～35°之间的陡坡面上。由于受上部陡坡集水径流的影响，峁坡基部有些＜25°缓坡坡面上有一些浅沟，所以，按照坡向和坡度指标分析浅沟的相对深度。

　　四种生境相比较，阳向缓坡与阳向陡坡坡面浅沟相对深度差异显著，陡坡面浅沟较深。阴向缓坡与其他三种环境下浅沟深度差异不明显；阳向陡坡面浅沟除了与阳向缓坡浅沟深度差异显著外，与阴向陡坡浅沟深度差异显著。浅沟深度依次为：阳向陡坡(0.66m) > 阴向缓坡(0.65m) > 阴向陡坡(0.59m) > 阳向缓坡(0.57m)。

表4-2　不同坡向和坡度浅沟相对深度及间距统计量

Tab. 4-2　Relative depth and separation distance of ephemeral valley
on different aspects and gradients

项目	生境类型	样本(N)	平均值(m)	标准差(m)	标准误差(m)	95%的置信区间(m)		最小值(m)	最大值(m)
						下限	上限		
相对深度	阳向缓坡	16	0.569	0.131	0.033	0.499	0.639	0.31	0.80
	阴向缓坡	24	0.655	0.173	0.035	0.582	0.728	0.42	1.10
	阳向陡坡	63	0.658	0.128	0.016	0.626	0.691	0.30	0.90
	阴向陡坡	41	0.590	0.170	0.026	0.536	0.644	0.34	1.01
	总体	144	0.628	0.152	0.013	0.603	0.654	0.30	1.10
相对间距	阳向缓坡	14	12.829	4.578	1.223	10.186	15.472	7.30	19.60
	阴向缓坡	21	10.002	3.427	0.748	8.442	11.562	3.40	16.00
	阳向陡坡	39	10.959	3.578	0.573	9.799	12.119	5.00	18.50
	阴向陡坡	35	11.069	3.552	0.600	9.848	12.289	4.00	19.00
	总体	109	11.050	3.715	0.356	10.345	11.755	3.40	19.60

表4-3　缓坡和陡坡浅沟相对深度及间距统计量

Tab. 4-3 Relative depth and separation distance of ephemeral valley on different gradients

项目	坡度	样本量(N)	平均值(m)	标准差(m)	标准误(m)	95%的置信区间(m)		最小值(m)	最大值(m)
						下限	上限		
浅沟深度	＜25°	40	0.620	0.162	0.256	0.569	0.672	0.31	1.10
	≥25°	104	0.632	0.150	0.147	0.602	0.661	0.30	1.01
	总体	144	0.628	0.152	0.127	0.603	0.6535	0.30	1.10
浅沟间距	＜25°	35	11.133	4.110	0.695	9.721	12.545	3.40	19.60
	≥25°	74	11.011	3.542	0.412	10.190	11.831	4.00	19.00
	总体	109	11.050	3.715	0.356	10.345	11.755	3.40	19.60

四种生境浅沟间距两两比较，只有阳向缓坡浅沟间距与阴向缓坡浅沟间距差异显著，其他生境间两两沟间距差异不显著。浅沟间距从大到小的坡面依次是：阳向缓坡(12.83m) > 阴向陡坡(11.07m) > 阳向陡坡(10.96m) > 阴向缓坡(10.00m)。

方差分析表明缓坡与陡坡浅沟相对深度、浅沟间距均没有显著差异，缓坡浅沟相对深度平均值0.62(0.31~1.10)m，变异系数0.261；陡坡浅沟相对深度平均值0.63(0.30~1.01)m，变异系数0.237，缓坡变异较大；缓坡浅沟间距平均11.13(3.40~19.60)m，变异系数0.369；陡坡浅沟间距11.00(4.00~19.00)m，变异系数0.322。即，整体来说缓坡和陡坡上浅沟深度和间距均没有差异，但是缓坡上浅沟间距和深度变异较大。

4.4　小　结

(1)吴起县梁峁坡和沟坡面积占土地总面积的93.77%，阳坡占44.26%，其中正阳坡和半阳坡分别占31.77%和12.49%。

(2)从阳坡坡度组成看，陡坡面积最大，不同坡级所占土地总面积排序为：陡坡(14.80%) > 缓坡(13.96%) > 平缓坡(7.44%) > 极陡坡 > 急陡坡(0.33%)。

(3)切沟可分为峁坡小切沟和沟坡大切沟两类，小切沟平均沟长小于9m，沟两侧陡峭，沟底比较平缓且起伏大不，大切沟平均沟长远远大于10m，往往达到几十米长，沟道起伏变异很大，两侧往往形成35°以上极陡坡面。

(4)缓坡和陡坡上浅沟相对深度和相对间距均没有显著差异。缓坡浅沟相对深度平均0.62(0.31~1.10)m，陡坡浅沟相对深度平均0.63(0.30~1.01)m；缓坡浅沟间距平均11.13(3.40~19.60)m，陡坡浅沟间距11.00(4.00~19.00)m。缓坡浅沟的相对深度和沟间距都比陡坡相应指标的变异都大。

(5)主要的地形地貌和微地形。梁峁顶：坡面平缓，坡度0~5°之间。峁坡(谷间地)：以0~35°坡面为主，坡面上分布有比较规整的浅沟、随机分布的切沟，主要以发育初期的沟头和长度小于5~6m小切沟为主。所以，坡面典型微地形可分为坡面、浅沟、小切沟三种类型。沟坡(谷坡地)：以大于35°坡面和10m以上切沟为主，切沟由切沟底和两个切沟坡面组成，因此，沟坡典型微地形可划分为沟坡坡面、大切沟底、大切沟(半)阳坡和大切沟(半)阴坡坡四类。

综上所述，黄土丘陵沟壑区坡面典型微地形有峁坡坡面、浅沟、小切沟、沟坡坡面、大切沟沟底、大切沟阳/半阳坡、大切沟阴/半阴坡7大类。

第 5 章　微地形土壤养分

5.1　土壤养分变异规律

表 5-1　土壤养分观测量的基本特征

Tab. 5-1　Basic information of soil nutrient observatin points

立地	序号	观测量(点)条件 (微地形名称，坡向，坡度)	立地	序号	观测量(点)条件 (微地形名称，坡向，坡度)
梁顶	1	梁顶平缓坡，5°	半阳陡坡	24	半阳平缓坡 W，22°
半阳陡坡	2	半阳陡坡，WN10°，27°		25	半阳平缓坡 W，24°
	3	半阳陡坡 WN10°，32°		26	半阳平缓坡 W，22°
	4	半阳陡坡浅沟 WN10°，32°		27	半阳平缓坡浅沟 W，22°
半阳沟坡	5	半阳陡坡小切沟 WN10°32°		28	半阳陡坡 W，35°
	6	半阳极陡沟坡小切沟 WN10°，45°		29	半阳陡坡浅沟 W，35
	7	半阳极陡沟坡 WN10°，46°	阳向沟坡	30	半阳陡坡切沟底 W，35°
半阴沟坡	8	半阳极陡沟坡切沟底 WN10°，40°		31	半阳平缓坡 W，10°
	9	半阳大切沟急陡阳坡 SW10°，47°		32	半阳平缓坡浅沟 W，10°
	10	半阳大切沟急陡阴坡 NW20°，47°		33	阳急陡沟坡 S，50°
	11	半阴急陡沟坡 EN35°，46°		34	阳急陡沟坡浅沟 S，50°
	12	半阴极陡沟坡切沟底 EN35°，40°		35	阳极陡沟坡 S，40°
	13	半阴大切沟极陡阳坡 SW30°，36°		36	阳极陡沟坡小切沟 S，37°
	14	半阴大切沟极陡阴坡 NE15°，36°		37	阳平缓坡 S，15°
半阴陡坡	15	半阴平缓坡浅沟 EN20°，22°	阳向陡坡	38	阳平缓坡浅沟 S，15°
	16	半阴平缓坡 EN20°，22°		39	阳极陡坡 SW10°，37°
	17	半阴急陡坡 EN20°，46°		40	阳极陡坡切沟底 SW10°，37°
	18	半阴向陡坡小切沟 EN20°，27°	半阴坡	41	半阴陡坡 NW62°，30°
	19	半阴陡坡浅沟 EN20°，27°		42	半阴缓坡 NW40°，20°
	20	半阴中部陡坡 EN20°，27°		43	半阴极陡坡 NW25°，40°
半阴沟坡	21	半阴急陡沟坡 EN20°，55°			
	22	半阴极陡沟坡 EN20°，45°			
	23	半阴沟坡底平缓坡 EN20°，15°			

根据测定，退耕 10 年的草地，0~20cm 土层土壤有机质、全氮、全磷和全钾平均含量分别为 11.52g/kg、0.61g/kg、0.62 g/kg、19.05 g/kg，20~40cm 土层相关含量占 0~20cm 土层含量的 59.81%、60.66 %、96.77%、99.16%，40~60cm 含量占 20~40cm 土层含量的 77.65%、78.38%、100.00%、99.84%。

表 5-2 土壤养分的变异特征

Tab. 5-2 **Variation characters of soil nutrient**

深度（cm）	指标	有机质（g/kg）	全氮（g/kg）	水解氮（mg/kg）	全磷（g/kg）	全钾（g/kg）	速效 P（mg/kg）	速效 K（mg/kg）
0~20	平均	11.52	0.61	43.435	0.62	19.05	1.620	122.962
	最大	21.95	1.06	80.532	0.67	20.22	4.430	202.550
	最小	3.87	0.23	17.823	0.56	18.22	0.470	74.900
	变异系数	0.205	0.112	0.140	0.045	0.038	0.013	0.001
20~40	平均值	6.89	0.37	27.264	0.60	18.89	1.066	79.516
	最大值	16.53	0.89	56.109	0.65	19.99	5.170	151.500
	最小值	3.19	0.18	13.862	0.53	17.78	0.090	50.950
	变异系数	0.642	0.834	0.822	0.081	0.021	0.073	0.152
40~60	平均值	5.35	0.29	22.052	0.60	18.86	0.885	74.088
	最大值	12.99	0.78	50.498	0.65	20.01	4.990	116.350
	最小值	2.70	0.13	13.532	0.53	17.52	0.080	49.450
	变异系数	0.652	0.769	0.635	0.059	0.004	0.320	0.138
0~40	平均	9.21	0.49	35.349	0.61	18.97	1.343	101.239
	最大	18.49	0.97	67.330	0.66	20.01	4.800	177.025
	最小	3.83	0.22	17.988	0.54	18.13	0.280	64.475
	变异系数	0.369	0.387	0.403	0.063	0.009	0.021	0.061
0~60	平均	7.92	0.42	30.917	0.60	18.93	1.190	92.189
	最大	16.41	0.87	59.629	0.66	20.00	3.237	156.800
	最小	3.64	0.21	17.933	0.56	18.08	0.217	61.850
	变异系数	0.432	0.475	0.458	0.062	0.005	0.095	0.081

0~20cm 土层土壤水解氮、速效磷和速效钾含量 43.435mg/kg、1.620mg/kg、122.962 mg/kg；20~40cm 土层相关含量占 0~20cm 土层含量的 62.77%、65.80%、64.67%，40~60cm 含量占 50.77%、54.63%、60.25%，40~60cm 含量占 20~40cm 土层含量的 80.88%、83.02%、93.17%。

0~60cm 土层土壤有机质、全氮、全磷和全钾平均含量分别为 7.92 g/kg、0.42 g/kg、0.60 g/kg 和 18.93 g/kg，土壤水解氮、速效磷和速效钾平均含量 30.917mg/kg、1.190 mg/kg 和 92.189mg/kg。

显而易见，0~60cm 土层土壤有机质含量平均值小于 10%，植物生长需求量较大的氮素（全氮 0.42g/kg，水解氮 30.917 mg/kg）缺乏，土壤磷（全磷 0.60g/kg，速效磷 1.190 mg/

kg)不足，而土壤钾含量较高，基本满足植物生长所需；三土层相比较，土层愈深、土壤有机质、全氮、全磷、全钾、水解氮、速效磷和速效钾含量越低；20～40cm 土层含量迅速降低，40～60cm 土层含量缓慢减少；三个层次土壤全磷和全钾含量变异相对很小。

从观测量间土壤营养的变异系数看，0～20cm 土层土壤有机质、全氮和水解氮变异系数大于 0.1，分别为 0.205、0.112、0.140，全磷、全钾、速效磷和速效钾变异系数小于 0.05，分别为 0.045、0.038、0.013、0.01；20～40cm 土层土壤有机质、全氮和水解氮变异系数大于 0.6，分别为 0.642、0.834、0.822，全磷、全钾、速效磷和速效钾变异系数小于 0.20，分别为 0.081、0.021、0.073、0.152；40～60cm 土层土壤有机质、全氮和水解氮变异系数大于 0.6，分别为 0.652、0.769、0.635，全磷、全钾、速效磷和速效钾变异系数小于 0.350，分别为 0.059、0.004、0.320、0.138；

0～60cm 土层土壤有机质、全氮和水解氮变异系数 0.458、0.475、0.432，全磷、全钾变异系数 0.062、0.005，速效磷和速效钾变异系数 0.095、0.081。

即土壤有机质、全氮和水解氮变异系数远大于全磷、全钾、速效磷和速效钾变异系数，20～40cm 土层营养成分变异系数大于 40～60cm 层，大于 0～20cm 层。

5.2　土壤养分相关性

从营养因素各变量间相关矩阵可以看出，无论哪个土壤层次，土壤有机质、全氮、水解氮含量三者密切相关，其中有机质与全氮、水解氮相关系数均大于 0.950，全氮与水解氮相关系数大于 0.930。土壤全磷与速效磷相关系数小于 0.250，土壤全钾与速效钾相关系数小于 0.500。

土壤 0～60cm 土壤有机质与全氮含量、水解氮含量均达到显著相关水平。土壤中的氮素主要来源于凋落物，因此全氮和有机质有密切的关系，土壤中大部分的氮是以腐殖质、蛋白质等有机形式存在的，对于植物吸收以及氮的淋溶是无效的，植物生长所需要的氮素由有机态转化而来。提高土壤有机质可以提高土壤供氮水平。土壤全氮、水解氮与有机质关系式：

$$Y_1 = 3.4394 X + 3.6740 \qquad R^2 = 0.9527 \qquad (5-1)$$

$$Y_2 = 0.0519 X + 0.0136 \qquad R^2 = 0.9550 \qquad (5-2)$$

式中：Y_1——土壤水解氮含量(mg/kg)。

Y_2——土壤全氮含量(10^{-1} g/kg)。

X——土壤有机质含量(10^{-1} g/kg)。

表 5-3 不同土层土壤养分的相关矩阵

Tab. 5-3 Correlation matrix of soil nutrients in different soil depth

深度(cm)	变量	全氮	水解氮	有机质	全磷	全钾	速效磷	速效钾
0~20	全氮	1.000						
	水解氮	0.977	1.000					
	有机质	0.964	0.951	1.000				
	全磷	0.545	0.562	0.604	1.000			
	全钾	0.346	0.375	0.339	0.464	1.000		
	速效磷	0.059	0.067	0.150	0.237	0.333	1.000	
	速效钾	0.399	0.351	0.479	0.642	0.339	0.487	1.000
20~40	全氮	1.000						
	水解氮	0.954	1.000					
	有机质	0.981	0.957	1.000				
	全磷	0.574	0.564	0.601	1.000			
	全钾	0.215	0.254	0.266	0.492	1.000		
	速效磷	−0.011	0.068	0.042	0.036	0.430	1.000	
	速效钾	0.321	0.359	0.373	0.444	0.452	0.387	1.000
40~60	全氮	1.000						
	水解氮	0.932	1.000					
	有机质	0.989	0.945	1.000				
	全磷	0.421	0.477	0.458	1.000			
	全钾	0.142	0.221	0.167	0.407	1.000		
	速效磷	−0.040	−0.087	−0.020	0.080	0.405	1.000	
	速效钾	0.190	0.106	0.225	0.248	0.267	0.445	1.000
0~40	全氮	1.000						
	水解氮	0.981	1.000					
	有机质	0.972	0.971	1.000				
	全磷	0.531	0.541	0.570	1.000			
	全钾	0.301	0.336	0.346	0.498	1.000		
	速效磷	−0.031	0.011	0.046	0.096	0.444	1.000	
	速效钾	0.367	0.355	0.458	0.574	0.465	0.422	1.000
0~60	全氮	1.000						
	水解氮	0.974	1.000					
	有机质	0.977	0.976	1.000				
	全磷	0.525	0.542	0.565	1.000			
	全钾	0.260	0.327	0.311	0.548	1.000		
	速效磷	−0.060	−0.009	0.009	0.220	0.517	1.000	
	速效钾	0.321	0.307	0.406	0.540	0.435	0.388	1.000

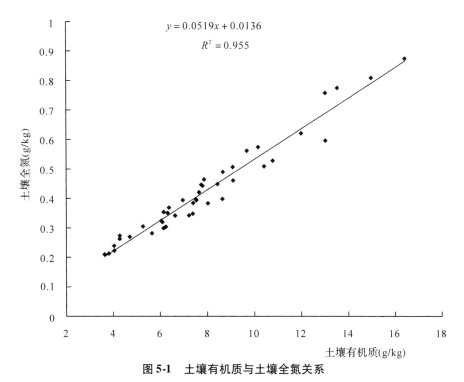

图 5-1　土壤有机质与土壤全氮关系

Fig. 5-1　Relation between soil organic matter(SOM) and total-N

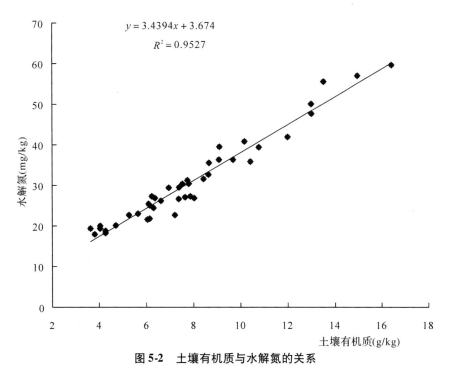

图 5-2　土壤有机质与水解氮的关系

Fig. 5-2　Relation betweenSOM and alkalined nitrogen

5.3 土壤养分因子分析

0~60cm 土层观测量因子分析表明，特征值大于 1 的主成分有两个，累计方差占总方差 78.983%。根据旋转后因子载荷矩阵来看，第一主成分对有机质、全氮、水解氮有绝对较大的相关系数，可以命名为土壤有机质和氮因子；第二主成分对土壤磷和钾具有相对较大的相关系数，可以称为土壤磷钾因子。主成分表达式：

$$FAC-1 = 0.321\ 全氮 + 0.310\ 水解氮 + 0.306\ 有机质$$
$$+ 0.109\ 全磷 - 0.041\ 全钾 - 0.179\ 速效磷 + 0.004\ 速效钾 \qquad (5-3)$$
$$FAC-2 = -0.096\ 全氮 - 0.070\ 水解氮 - 0.051\ 有机质$$
$$+ 0.220\ 全磷 + 0.383\ 全钾 + 0.445\ 速效磷 + 0.317\ 速效钾 \qquad (5-4)$$

表 5-4　0~60cm 土层养分各成分总方差的分解

Tab. 5-4　Total variance explained in components of soil nutrients from top to 60cm soil depth

主成分	协方差矩阵的特征值			旋转前因子提取结果			旋转后因子提取结果		
	特征值	占总方差的百分数（%）	占总方差的累计百分数（%）	特征值	占总方差的百分数（%）	占总方差的累计百分数（%）	特征值	占总方差的百分数（%）	占总方差的累计百分数（%）
1	3.823	54.616	54.616	3.823	54.616	54.616	3.132	44.744	44.744
2	1.706	24.366	78.983	1.706	24.366	78.983	1.564	22.340	67.084
3	0.602	8.604	87.587	0.602	8.604	87.587	1.435	20.502	87.587
4	0.522	7.456	95.043						
5	0.310	4.422	99.465						
6	0.022	0.312	99.777						
7	0.016	0.223	100.00						

表 5-5　0~60cm 土层土壤养分的因子载荷阵和得分系数

Tab. 5-5　Component score coefficient matrix and rotated component matrix of soil nutrients from top to 60cm soil depth

因素	2 个主成分				3 个主成分					
	因子得分		因子载荷阵		因子得分			因子载荷阵		
	1	2	1	2	1	2	3	1	2	3
全　氮	0.321	-0.096	0.980	0.076	0.351	-0.031	-0.112	0.978	0.079	0.143
水解氮	0.310	-0.070	0.971	0.163	0.368	0.054	-0.190	0.973	0.000	0.173
有机质	0.306	-0.051	0.970	0.124	0.321	-0.024	-0.043	0.953	0.054	0.247
全　磷	0.109	0.220	-0.193	0.820	0.003	-0.055	0.475	-0.126	0.881	0.157
全　钾	-0.041	0.383	0.208	0.808	0.067	0.583	-0.176	0.254	0.802	0.266
速效磷	-0.178	0.445	0.298	0.702	-0.052	0.686	-0.223	0.140	0.240	0.904
速效钾	0.004	0.317	0.559	0.581	-0.225	-0.247	0.923	0.471	0.281	0.641

0～60cm 土层养分因子分析表明，从估计回归因子分数的协方差可以看出，正交旋转（Varimax）后 3 个主成分完全不相关。3 个主成分累计方差占总方差 87.587%。根据旋转后因子载荷矩阵来看，第一主成分对有机质、全氮、水解氮有较大的相关系数，可以命名为土壤有机质和氮因子；第二主成分对土壤全磷和全钾具有相对较大的相关系数，可以称为土壤磷钾因子；第三主成分对土壤速效磷和速效钾具有相对较大的相关系数，称为土壤速效磷钾因子。这和各"变量间相关矩阵"得到的结果一致，即土壤有机质与土壤氮密切相关，而土壤磷和钾与土壤有机质、土壤氮含量间关系较小。虽然土壤速效磷、速效钾与全量有关系，但受环境等影响，速效量的释放速度较慢，全量与速效量的关系不密切。主成分表达式：

$$FAC-1 = 0.351 \text{全氮} + 0.368 \text{水解氮} + 0.321 \text{有机质}$$
$$+ 0.003 \text{全磷} + 0.067 \text{全钾} - 0.052 \text{速效磷} - 0.225 \text{速效钾} \tag{5-5}$$

$$FAC-2 = -0.031 \text{全氮} + 0.054 \text{水解氮} - 0.024 \text{有机质}$$
$$- 0.055 \text{全磷} + 0.583 \text{全钾} + 0.686 \text{速效磷} - 0.247 \text{速效钾} \tag{5-6}$$

$$FAC-3 = -0.112 \text{全氮} - 0.190 \text{水解氮} - 0.043 \text{有机质}$$
$$+ 0.475 \text{全磷} - 0.176 \text{全钾} - 0.223 \text{速效磷} + 0.923 \text{速效钾} \tag{5-7}$$

5.4　微地形养分对比分析

5.4.1　微地形有机质和氮素含量比较

0～60cm 土层土壤有机质、全氮和水解氮变异系数 0.458、0.475、0.432，远大于全磷、全钾、速效磷和速效钾变异系数，且这三个因素构成的第一主成分方差占总方差 54.616%，采用有机质、全氮、水解氮三个指标对观测量进行聚类结果表明，43 个观测量中，只有 4 个半阴坡观测量与其他 39 个观测量之间具有较大差异。大部分阳坡、半阳坡和半阴坡不同微地形间土壤有机质、全氮和水解氮含量差异不大。

表 5-6　观测量土壤养分聚类及其含量

Tab. 5-6　Clustering result and content of soil nutrients

类别	观测量	有机质 (g/kg)	全氮 (g/kg)	水解氮 (mg/kg)	全磷 (g/kg)	全钾 (g/kg)	速效磷 (mg/kg)	速效钾 (mg/kg)
1	17、20、22、43	14.47	0.80	55.559	0.63	19.25	1.024	93.700
2	39 个其他观测量	7.25	0.39	28.389	0.60	18.90	1.208	92.034

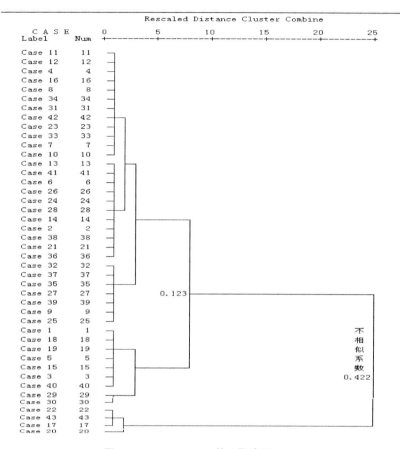

图 5-3 0~60cm 土层养分聚类树形图

Fig. 5-3 Cluste tree dendrogram of observation points by soil nutrients from top to 60cm soil depth

5.4.2 不同立地微地形土壤养分比较

表 5-7 不同立地类型 0~60cm 土壤养分含量

Tab. 5-7 Soil nutrient content from top to 60cm soil depth of different sites

坡向	立地条件类型	有机质（g/kg）	全氮N（g/kg）	水解氮（mg/kg）	全磷（g/kg）	全钾（g/kg）	速效磷（mg/kg）	速效钾（mg/kg）
梁峁顶	梁顶平缓坡	8.66	0.49	35.535	0.59	19.24	0.940	69.967
半阳坡	半阳向陡坡	9.53	0.47	34.912	0.60	19.22	1.366	92.083
	半阳极陡沟坡	7.06	0.35	27.196	0.62	19.69	1.924	110.917
	平均	8.30	0.41	31.054	0.61	19.46	1.645	101.500
半阴坡	半阴向陡坡	11.53	0.61	45.144	0.61	19.29	0.809	87.344
	半阴极陡沟坡	6.96	0.36	27.147	0.63	19.47	2.034	105.842
	平均	9.25	0.49	36.146	0.62	19.38	1.422	96.593

（续）

坡向	立地条件类型	有机质 （g/kg）	全氮 N （g/kg）	水解氮 （mg/kg）	全磷 （g/kg）	全钾 （g/kg）	速效磷 （mg/kg）	速效钾 （mg/kg）
	阳向陡坡	8.31	0.43	28.604	0.58	18.35	1.223	106.033
阳 坡	阳向极陡沟坡	6.16	0.35	24.506	0.59	18.46	0.993	84.992
	平均	7.24	0.39	26.555	0.59	18.41	1.108	95.513

从整个坡面来看，0~60cm 土层有机质、全氮和水解氮含量平均值表现为半阴坡 > 梁峁顶 > 半阳坡 > 阳坡。其中有机质含量半阴坡 9.25 g/kg > 梁峁顶 8.66 g/kg > 半阳坡 8.30 g/kg > 阳坡 7.24 g/kg，全氮含量半阴坡、梁峁顶 0.49 g/kg > 半阳坡 0.41 g/kg > 阳坡 0.39 g/kg，水解氮含量半阴坡 36.144mg/kg > 梁峁顶 35.535mg/kg > 半阳坡 31.054mg/kg > 阳坡 26.555mg/kg。

峁坡与沟坡相比较，相同坡面 0~60cm 土层有机质、全氮和水解氮含量平均值峁坡 > 沟坡。有机质以半阴向峁坡 11.53 g/kg > 半阴坡沟坡 6.96 g/kg，半阳坡峁坡 9.53 g/kg > 半阳向沟坡 7.06 g/kg，阳坡峁坡 8.31 g/kg > 阳向沟坡 6.16 g/kg；全氮以半阴向峁坡 0.61 g/kg > 半阴坡沟坡 0.36 g/kg，半阳坡峁坡 0.47 g/kg > 半阳向沟坡 0.35 g/kg，阳坡峁坡 0.43 g/kg > 阳向沟坡 0.35 g/kg；水解氮以半阴向峁坡 45.144mg/kg > 半阴坡沟坡 27.147mg/kg，半阳坡峁坡 34.912mg/kg > 半阳向沟坡 27.196mg/kg，阳坡峁坡 28.604mg/kg > 阳向沟坡 24.506mg/kg。

沟坡土壤侵蚀严重，坡度陡、植被生长差，所以有机质在土壤表层含量相对低于峁坡坡面的有机质含量。而有机质与土壤氮密切相关，所以，土壤全氮、水解氮也表现为峁坡大于沟坡。同理，半阴坡土壤含水量较高，植被生长半阴坡好于半阳坡，好于阳坡，土壤有机质、全氮、水解氮半阴坡高于半阳坡、半阳坡高于阳坡。

不同坡向坡面相比较，有机质含量半阴向陡坡 11.53 g/kg，半阳向陡坡 9.53 g/kg、阳向陡坡 8.31g/kg。

5.4.3 典型微地形土壤养分对比

就有机质而言，有机质含量陡峁坡 12.17 g/kg > 小切沟 9.02 g/kg > 梁顶 8.66 g/kg > 浅沟 8.17 g/kg > 沟坡 7.99 g/kg > 大切沟底 6.54 g/kg > 切沟坡面 6.25 g/kg。土壤有机质主要来源于植被凋落物的分解和淋溶，其形成和积累是一个漫长的过程，大切沟底、小切沟和梁顶植被生长虽然较好，但是，由于草被梁顶凋落物被冬春季节风吹走，大切沟底、小切沟凋落物被降水冲走，所以，测定值较小。

水解氮陡峁坡 43.933mg/kg > 梁顶 35.535 mg/kg > 小切沟 32.785 mg/kg > 浅沟 31.941 mg/kg > 沟坡 31.025 mg/kg > 大切沟底 25.707 mg/kg > 切沟坡面 24.200 mg/kg。

表5-8　典型微地形0～60厘米土层土壤养分含量

Tab. 5-8　Typical microrelief soil nutrient content from top to 60cm soil depth

微地形	观测量	有机质 （g/kg）	全氮 （g/kg）	水解氮 （mg/kg）	全磷 （g/kg）	全钾 （g/kg）	速效P （mg/kg）	速效K （mg/kg）
峁坡坡面	半阴陡坡坡面	16.41	0.87	59.629	0.63	19.31	0.860	85.000
	半阳陡坡坡面	10.41	0.51	35.865	0.58	19.16	1.213	88.567
	阳向陡坡坡面	9.68	0.56	36.306	0.56	18.20	1.210	92.917
	平均	12.17	0.65	43.933	0.59	18.89	1.094	88.828
峁顶坡面	梁顶平缓坡	8.66	0.49	35.535	0.59	19.24	0.940	69.967
沟坡	半阳极陡沟坡	8.43	0.45	31.575	0.61	19.89	1.483	109.300
	半阴极陡沟坡	7.80	0.40	30.255	0.64	19.73	1.443	118.033
	阳极陡沟坡	7.74	0.45	31.245	0.59	18.29	0.997	99.667
	平均	7.99	0.43	31.025	0.61	19.30	1.308	109.000
浅沟	半阴陡坡浅沟	9.10	0.46	39.496	0.60	19.24	0.667	74.150
	阳陡坡浅沟	8.03	0.38	26.844	0.60	18.44	1.313	116.867
	半阳陡坡浅沟	7.39	0.38	29.484	0.58	19.45	1.377	86.117
	平均	8.17	0.41	31.941	0.59	19.04	1.119	92.378
小切沟	半阳陡坡小切沟	10.77	0.53	39.386	0.62	19.05	1.507	101.567
	半阴陡坡小切沟	9.08	0.51	36.306	0.60	19.31	0.900	102.883
	阳陡坡小切沟	7.22	0.34	22.663	0.58	18.41	1.147	108.317
	平均	9.02	0.46	32.785	0.60	18.92	1.185	104.256
大切沟	半阴极陡切沟底	7.53	0.39	30.365	0.63	19.29	2.373	101.800
	半阳极陡切沟底	7.38	0.35	26.624	0.62	19.04	1.463	125.250
	阳向极陡切沟底	4.71	0.27	20.133	0.57	18.38	0.587	78.833
	平均	6.54	0.34	25.707	0.61	18.90	1.474	101.961
大切沟坡面	半阳切沟极陡阴坡	8.64	0.40	32.653	0.62	20.00	1.767	113.700
	半阴切沟极陡阴坡	6.63	0.34	26.184	0.62	19.18	1.853	101.117
	阳切沟极陡半阳坡	6.15	0.32	21.563	0.58	18.60	2.063	82.950
	阳切沟极陡半阳坡	6.14	0.35	25.084	0.62	18.58	0.327	78.517
	半阴切沟极陡阳坡	6.14	0.30	21.783	0.63	19.67	2.467	102.417
	半阳切沟极陡阳坡	3.82	0.21	17.933	0.63	19.86	2.983	95.417
	平均	6.25	0.32	24.200	0.62	19.32	1.910	95.686

说明：表中阳、半阳和半阴陡坡坡面、梁顶平缓坡在这里都是和诸如浅沟、切沟等作为一种微地形看待的。坡面和浅沟、切沟及其大切沟坡面土壤养分含量比较的。

5.5　小　结

（1）0～60cm土壤养分含量随土层深度而减少，0～20cm、20～40cm、40～60cm土壤有机质分别为11.52 g/kg、6.89 g/kg、5.35 g/kg，土壤水解氮43.435 mg/kg、27.264 mg/kg、22.052mg/kg，速效磷1.620mg/kg、1.066mg/kg、0.885mg/kg，速效钾122.962mg/kg、79.516 mg/kg、74.088 mg/kg。

（2）0～60cm土层土壤有机质、全氮和水解氮变异系数0.458、0.475、0.432，全磷、全钾变异系数 0.062、0.005，速效磷和速效钾变异系数 0.095、0.081。

（3）土壤有机质、全氮、水解氮含量三者密切相关，其中有机质与全氮、水解氮相关系数均大于 0.950，全氮与水解氮相关系数大于 0.930。土壤全磷与速效磷相关系数小于 0.250，土壤全钾与速效钾相关系数小于 0.500。土壤水解氮（Y_1，mg/kg）和全氮含量（Y_2，10^{-1} g/kg）与土壤有机质（X，10^{-1} g/kg）含量呈现线性相关：$Y_1 = 3.4394 X + 3.6740$，$R^2 = 0.9527$；$Y_2 = 0.0519 X + 0.0136$，$R^2 = 0.9550$。

（4）土壤养分因子特征值大于 1 的两个主成分中，有机质和全氮和水解氮因子主成分方差占总方差的 54.616%，阳坡、半阳坡和半阴坡不同微地形间土壤有机质、全氮和水解氮含量差异不明显。

（5）0~60cm 土层有机质、全氮和水解氮含量表现为：半阴坡 > 梁峁顶 > 半阳坡 > 阳坡，峁坡 > 沟坡，有机质含量在不同微地形间表现为陡峁坡 > 小切沟 > 梁顶 > 浅沟 > 沟坡 > 大切沟底 > 切沟两个坡面。

第6章 微地形土壤水分的异质性

吴起县春季在一年之中属于土壤水分干旱期，一般年份在7~9月雨季，土壤水分才不断补充、逐渐恢复。雨季又往往以几场暴雨为主，所以，造林季节一般选择在春季。因此，春季降雨量和土壤含水量成为制约造林种草成活和保存的主导因素。

分别阳坡、半阳坡和半阴坡，选择典型陡(25°~35°)峁坡和沟坡，以峁坡坡面、坡面上浅沟和小切沟、沟坡、大切沟沟底及其两个切沟坡面作为微地形，21个微地形基本情况如下。

表6-1 21个微地形的基本特征

Tab. 6-1 Basic characters of 21 micoreliefs

立地类型	微地形	坡向，方位角 (°)	坡度 (°)	起伏度	
				平均值(最小，最大)(cm)	变异系数
阳陡坡	阳向陡坡坡面	SW10，190	33	17.25(2，26)	0.8604
	阳向陡坡面浅沟	SW10，190	33	24.46(0.5，50.2)	1.4366
	阳向陡坡小切沟	SW10，190	33	比较平缓	
阳急陡沟坡	阳向大切沟沟底	SW10，190	33	横断面"V"型，纵断面"Z"型	
	阳向大切沟半阳坡	WN10，280	45	24.79(1.5，51.5)	1.4259
	阳向大切沟半阴坡	ES15，95	43	24.48(0.5，50.5)	1.4443
	阳向沟坡	SW10，190	47	25.22(8，42)	0.9532
半阳陡坡	半阳向坡面	WN5，275	32	9.61(0.5，23)	1.4205
	半阳向浅沟	WN5，275	32	25.27(1，97)	2.6600
	半阳向小切沟	WN5，275	32	比较平缓	
半阳急陡沟坡	半阳向大切沟沟底	WN5，275	32	横断面"U"型，纵断面"Z"型	
	半阳向大切沟阳坡	SW10，190	47		
	半阳向大切沟阴坡	NW20，340	43		
	半阳向沟坡	WN10，280	46	14.32(3，35)	1.5800
半阴陡坡	半阴向陡坡坡面	EN20，70	32	18.68(2.5，44.7)	1.5970
	半阴向陡坡浅沟	EN20，70	32	17.99(1，41)	1.1499
	半阴向陡坡小切沟	EN20，70	32	比较平缓	
半阴急陡沟坡	半阴向大切沟沟底	EN35，55	32	横断面"V"型，纵断面"Z"型	
	半阴向大切沟阳坡	SW30，210	36		
	半阴向大切沟阴坡	NE10，15	36		
	半阴向沟坡	EN35.55	46	53.35(4，96)	1.2192

6.1 微地形土壤含水量差异性检验

表 6-2 春季不同坡向不同微地形土壤含水量方差分析

Tab. 6-2 **Tests of between-subjects variance analysis effects of SWC of different slopes and microreliefs in early Spring**

变差来源	离差平方和	自由度	均方	F 值	显著值 Sig.
校正模型	3532.133	20	176.607	212.584	0.000
截距	38490.876	1	38490.876	46332.053	0.000
坡向	2058.569	2	1029.284	1238.965	0.000
微地形	788.734	6	131.456	158.235	0.000
坡向和微地形交互效应	684.871	12	57.073	68.699	0.000
误差	487.657	587	0.831		
总变差	42592.860	608			
校正总变差	4019.790	607			

注：土壤含水量（SWC）。

　　0～60cm 土层含水量方差分析表明，春季阳坡、半阳坡和半阴坡间土壤含水量两两间差异显著，平均含水量分别为 5.87%、7.68% 和 10.36%；7 种典型微地形间土壤含水量差异显著，根据含水量之间的差异性可分为 4 组，大切沟阳半阳坡面土壤含水量最低 6.01%，沟坡含水量次低 6.70%，陡坡面、浅沟及其小切沟含水量差异不明显，平均含水量分别为 8.07%、8.14% 和 8.20%，大切沟底和切沟阴半阴坡含水量最高 9.32%、9.28%；坡向和微地形交互形成的各个坡向不同微地形之间土壤含水量具有显著差异。

表 6-3 春季不同坡向土壤含水量子集一致性检验

Tab. 6-3 **Subset consistency test of SWC of different slopes in early Spring**

坡类	样本量（N）	各子集土壤含水量（%）		
		1	2	3
阳　坡	203	5.87		
半阳坡	203		7.68	
半阴坡	202			10.36
显著值（相似概率）		1.000	1.000	1.000

　　方差分析表明三个坡向微地形间显著性值（Sig.）= 0.000 < 0.05，说明各坡向微地形间均值在 α = 0.05 水平上均具有显著性差异，且方差一致性检验均为非齐性。

表6-4 春季微地形土壤含水量子集一致性检验

Tab. 6-4 Subset consistency test of SWC of different microreliefs in early Spring

微地形	样本（N）	各子集土壤含水量（%）			
		1	2	3	4
大切沟阳或半阳坡	86	6.01			
沟坡	87		6.70		
坡面	87			8.07	
浅沟	87			8.14	
小切沟	86			8.20	
大切沟阴半阴坡	87				9.28
大切沟底	88				9.32
显著值(相似概率)		1.000	1.000	0.381	0.789

表6-5 春季微地形土壤含水量方差分析表

Tab. 6-5   ANOVA of SWC of different slopes in early Spring

坡向	变差来源	离差平方和	自由度	均方	F 值	显著值
阳坡	组间	211.986	6	35.331	45.656	0.000
	组内	151.676	196	0.774		
	总变差	363.662	202			
半阳坡	组间	551.151	6	91.859	142.181	0.000
	组内	126.629	196	01.646		
	总变差	677.781	202			
半阴坡	组间	706.385	6	117.731	109.660	0.000
	组内	209.352	195	1.074		
	总变差	915.736	201			

6.2 阳坡微地形土壤含水量的比较

6.2.1 微地形土壤含水量多重比较

调查表明，春季阳坡各种微地形0~60cm土层平均含水量从大到小依次为：阳向大切沟沟底(4)8.02% >阳向大切沟半阴坡(6)6.14% >阳向大切沟半阳坡(5)5.99% >阳向陡坡面浅沟(2)5.48% >阳向陡坡坡面(1)5.38% >阳向沟坡(7)5.04% >阳向陡坡小切沟(3)4.62%。

沟底由于股流作用，形成横断面"V"形，纵断面"Z"形，沟底地形变化复杂，局部被遮荫从而比较大地减少土壤蒸发，所以平均含水量最大 8.02%，但水分含量的变异系数相对也大 0.1561，最大与最小含水量绝对值相差 5.57%，95% 置信区间的极差达到最高1.2821%；陡峭坡坡面、坡面上浅沟和大切沟半阴坡坡面起伏较小，土壤含水量变异系数最小，分别是 0.0597、0.0390、0.0254，95% 置信区间的土壤含水量极差为 0.28%、0.47%和 0.37%；阳向大切沟半阳坡、阳向沟坡和阳向陡坡小切沟土壤含水量变异系数和 95% 置信区间的土壤含水量极差比较大。

表 6-6　春季阳坡微地形土壤水分量统计量

Tab. 6-6　Descriptives of SWC of microreliefs on sunny slope in Spring

微地形*	样本(N)	平均值（%）	标准差（%）	标准误差（%）	95% 置信区间（%）			最小值（%）	最大值（%）	变异系数
					下限	上限	极差			
1	29	5.38	0.3709	0.0689	5.24	5.52	0.28	4.68	6.17	0.0597
2	29	5.78	0.6135	0.1139	5.54	6.01	0.47	4.56	6.80	0.0390
3	28	4.62	0.7132	0.1348	4.34	4.89	0.55	3.58	5.71	0.2044
4	30	8.02	1.7168	0.3134	7.38	8.66	1.28	5.51	11.08	0.1561
5	29	5.99	0.7252	0.1347	5.72	6.27	0.89	4.08	7.41	0.1437
6	29	6.14	0.4848	0.0900	5.96	6.33	0.37	5.25	7.09	0.0254
7	29	5.04	0.7739	0.1437	4.75	5.34	0.59	3.61	6.22	0.2137
合计	203	5.87	1.3418	0.0942	5.69	6.06	0.37	3.58	11.08	

注：微地形 1~7 分别代表阳向坡面、浅沟、小切沟、大切沟底、大切沟半阳坡、大切沟半阴坡和沟坡。

表 6-7　阳坡春季微地形土壤含水量一致性子集检验

Tab. 6-7　Subset consistency test of SWC of microreliefs on sunny slope in Spring

微地形	样本量(N)	各子集土壤含水量（%）				
		1	2	3	4	5
3	28	4.62				
7	29	5.04	5.04			
1	29		5.39	5.38		
2	29			5.78	5.78	
5	29				5.99	
6	29				6.14	
4	30					8.02
显著值（相似概率）		0.066	0.141	0.090	0.139	1.000

注：微地形 1~7 分别代表阳向坡面、浅沟、小切沟、大切沟底、大切沟半阳坡、大切沟半阴坡和沟坡。

表6-8 春季阳坡微地形土壤含水量多重比较（Tamhane法）
Tab. 6-8 Multiple Comparisons of SWC of microreliefs on sunny slope in early Spring

微地形类(I)	微地形类(J)	均值差(%)	标准误差(%)	显著值
1 阳向陡坡坡面	2 阳向陡坡面浅沟	−0.3933	0.13313	0.098
	3 阳向陡坡小切沟	0.7677(＊)	0.15136	0.000
	4 阳向大切沟沟底	−2.6343(＊)	0.32092	0.000
	5 阳向大切沟半阳坡	−0.6087(＊)	0.15125	0.005
	6 阳向大切沟半阴坡	−0.7573(＊)	0.11335	0.000
	7 阳向沟坡	0.3413	0.15936	0.560
2 阳向陡坡面浅沟	1 阳向陡坡坡面	0.3933	0.13313	0.098
	3 阳向陡坡小切沟	1.1610(＊)	0.17649	0.000
	4 阳向大切沟沟底	−2.2410(＊)	0.33351	0.000
	5 阳向大切沟半阳坡	−0.2154	0.17639	0.996
	6 阳向大切沟半阴坡	−0.3639	0.14521	0.276
	7 阳向沟坡	0.7346(＊)	0.18339	0.004
3 阳向陡坡小切沟	1 阳向陡坡坡面	−0.7677(＊)	0.15136	0.000
	2 阳向陡坡面浅沟	−1.1610(＊)	0.17649	0.000
	4 阳向大切沟沟底	−3.4020(＊)	0.34120	0.000
	5 阳向大切沟半阳坡	−1.3764(＊)	0.19053	0.000
	6 阳向大切沟半阴坡	−1.5250(＊)	0.16209	0.000
	7 阳向沟坡	−0.4264	0.19703	0.525
4 阳向大切沟沟底	1 阳向陡坡坡面	2.6343(＊)	0.32092	0.000
	2 阳向陡坡面浅沟	2.2410(＊)	0.33351	0.000
	3 阳向陡坡小切沟	3.4020(＊)	0.34120	0.000
	5 阳向大切沟半阳坡	2.0256(＊)	0.34114	0.000
	6 阳向大切沟半阴坡	1.8770(＊)	0.32612	0.000
	7 阳向沟坡	2.9756(＊)	0.34482	0.000
5 阳向大切沟半阳坡	1 阳向陡坡坡面	0.6087(＊)	0.15125	0.005
	2 阳向陡坡面浅沟	0.2154	0.17639	0.996
	3 阳向陡坡小切沟	1.3764(＊)	0.19053	0.000
	4 阳向大切沟沟底	−2.0256(＊)	0.34114	0.000
	6 阳向大切沟半阴坡	−0.1486	0.16198	1.000
	7 阳向沟坡	0.9500(＊)	0.19694	0.000
6 阳向大切沟半阴坡	1 阳向陡坡坡面	0.7573(＊)	0.11335	0.000
	2 阳向陡坡面浅沟	0.3639	0.14521	0.276
	3 阳向陡坡小切沟	1.5250(＊)	0.16209	0.000
	4 阳向大切沟沟底	−1.8770(＊)	0.32612	0.000
	5 阳向大切沟半阳坡	0.1486	0.16198	1.000
	7 阳向沟坡	1.0986(＊)	0.16958	0.000
7 阳向沟坡	1 阳向陡坡坡面	−0.3413	0.15936	0.560
	2 阳向陡坡面浅沟	−.7346(＊)	0.18339	0.004
	3 阳向陡坡小切沟	0.4264	0.19703	0.525
	4 阳向大切沟沟底	−2.9756(＊)	0.34482	0.000
	5 阳向大切沟半阳坡	−0.9500(＊)	0.19694	0.000
	6 阳向大切沟半阴坡	−1.0986(＊)	0.16958	0.000

注：＊在0.05水平上差异显著。

Tamhane 法多重比较与 Duncan 法子集检验结果完全一致,即阳向大切沟沟底(4)含水量与其他微地形含水量间差异显著,峁陡坡(1)与阳向峁坡陡坡上浅沟(2)、阳向沟坡(7)含水量差异不明显,浅沟(2)与坡面(1)、大切沟半阳坡(5)和大切沟半阴坡(6)含水量,小切沟与(3)与沟坡(7)、大切沟半阳坡(5)与浅沟(2)、切沟半阳坡半阴坡(6)差异不显著。

6.2.2　微地形土壤含水量聚类分析

根据聚类分析,春季阳坡 7 个微地形土壤含水量可以分为 2 类,阳坡大切沟沟底含水量最高,平均含水量达到 8.02%。其他微地形土壤含水量差异不大分为一类,但是,土壤含水量最低的是小切沟 4.62%,这与小切沟内植被生长相对较好相关。

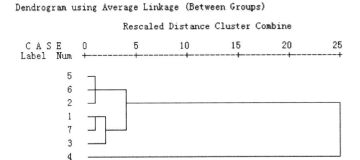

图 6-1　春季阳坡微地形土壤含水量聚类树状图

Fig. 6-1 Clustering tree of microreliefs by SWC on sunny slope in early Spring

6.3　半阳坡微地形土层含水量比较

6.3.1　微地形土壤含水量多重比较

表 6-9　春季半阳向微地形土壤含水量方差分析

Tab. 6-9　Descriptives of SWC of microreliefs on semi-sunny slope in Spring

微地形*	样本数（N）	平均值（%）	标准差（%）	标准误差（%）	95%置信区间（%）			最小值（%）	最大值（%）	变异系数
					下限	上限	极差			
1	29	7.33	0.560	0.104	7.11	7.54	0.42	6.07	8.08	0.1087
2	29	7.68	0.656	0.122	7.43	7.93	0.50	6.34	8.82	0.0282
3	29	10.32	0.996	0.185	9.94	10.69	0.76	8.17	11.93	0.2432
4	29	7.64	1.148	0.213	7.20	8.08	0.87	6.08	9.93	0.1709
5	29	5.44	0.579	0.108	5.22	5.66	0.44	4.47	6.61	0.0814
6	29	9.55	0.863	0.160	9.21	9.86	0.66	8.27	11.28	0.1194
7	29	5.82	0.623	0.116	5.58	6.06	0.47	4.40	6.74	0.1800
合计	203	7.68	1.832	0.129	7.43	7.93	0.51	4.40	11.93	

注:* 微地形 1~7 分别代表半阳向峁坡、浅沟、小切沟、大切沟沟底、大切沟阳向坡面、大切沟阴向坡面和沟坡。

表6-10　半阳向春季微地形土壤含水量多重比较(Tamhane's T2 法)

Tab. 6-10　Multiple Comparison of SWC of microreliefs on semi-sunny slope in Spring

微地形类(I)	微地形类(J)	均值差(%)	标准误差(%)	显著值
1	2	− 0.3517	0.16022	0.499
	3	− 2.9888(∗)	0.21213	0.000
	4	− 0.3124	0.23723	0.990
	5	1.8870(∗)	0.14956	0.000
	6	− 2.2101(∗)	0.19097	0.000
	7	1.5085(∗)	0.15555	0.000
2	1	0.3517	0.16022	0.499
	3	− 2.6370(∗)	0.22148	0.000
	4	0.0394	0.24563	1.000
	5	2.2387(∗)	0.16255	0.000
	6	− 1.8584(∗)	0.20131	0.000
	7	1.8602(∗)	0.16808	0.000
3	1	2.9888(∗)	0.21213	0.000
	2	2.6370(∗)	0.22148	0.000
	4	2.6764(∗)	0.28225	0.000
	5	4.8758(∗)	0.21390	0.000
	6	0.7786(∗)	0.24465	0.049
	7	4.4972(∗)	0.21814	0.000
4	1	0.3124	0.23723	0.990
	2	− 0.0394	0.24563	1.000
	3	− 2.6764(∗)	0.28225	0.000
	5	2.1994(∗)	0.23881	0.000
	6	− 1.8978(∗)	0.26671	0.000
	7	1.8208(∗)	0.24262	0.000
5	1	− 1.8870(∗)	0.14956	0.000
	2	− 2.2387(∗)	0.16255	0.000
	3	− 4.8758(∗)	0.21390	0.000
	4	− 2.1994(∗)	0.23881	0.000
	6	− 4.0971(∗)	0.19293	0.000
	7	− 0.3785	0.15796	0.345
6	1	2.2101(∗)	0.19097	0.000
	2	1.8584(∗)	0.20131	0.000
	3	− 0.7786(∗)	0.24465	0.049
	4	1.8978(∗)	0.26671	0.000
	5	4.0971(∗)	0.19293	0.000
	7	3.7186(∗)	0.19762	0.000
7	1	− 1.5085(∗)	0.15555	0.000
	2	− 1.8602(∗)	0.16808	0.000
	3	− 4.4972(∗)	0.21814	0.000
	4	− 1.8208(∗)	0.24262	0.000
	5	0.3785	0.15796	0.345
	6	− 3.7186(∗)	0.19762	0.000

注：∗微地形1~7分别代表半阳向峁坡、浅沟、小切沟、大切沟底、大切沟阳向坡面、大切沟阴向坡面和沟坡。

春季半阳向各种微地形土层平均含水量从大到小依次为：半阳向陡坡小切沟（3）10.32% > 半阳向大切沟阴坡（6）9.55% > 半阳向陡坡面浅沟（2）7.68%、半阳向大切沟沟底（4）7.64% > 半阳向陡坡坡面（1）7.33% > 半阳向沟坡（7）5.82%、半阳向大切沟阳坡（5）5.44%。

半阳大切沟沟宽且沟底横断面呈现"U"型，沟底开阔，日照时间相对小切沟长，小切沟属于半阳向，宽度窄，受到沟壁的遮蔽作用，大切沟沟底含水量与陡坡面、浅沟含水量差异不大，使小切沟内土壤含水量达10.32%，但是变异系数相对也较大0.2432；半阳向大切沟阳坡和半阳向沟坡接受光照时间长、坡度陡，土壤含水量最低。

Tamhane's T2 法和 Duncan 检验结果一致，半阳向小切沟（3）、半阳向大切沟阴坡（6）分别与其他微地形间土壤含水量差异显著，并且各为一个子集，土壤含水量分别为10.32% 和9.54%；半阳向陡坡（1）与陡坡上浅沟（2）、半阳向大切沟底（4）之间含水量差异不显著，土壤含水量依次为7.33%、7.68%和7.64%；半阳向大切沟阳坡（5）与半阳向沟坡（7）差异不显著，含水量5.82%和5.44%。即半阳向小切沟、半阳向大切沟阴坡分别为一个子集；半阳向陡坡、陡坡上浅沟、半阳向大切沟底一个子集；半阳向大切沟阳坡与半阳向沟坡为一个子集。

表 6-11　半阳坡春季微地形土壤含水量子集检验

Tab. 6-11　Subset consistency test of SWC of microreliefs on semi-sunny slope in Spring

微地形类	样本量（N）	各子集土壤含水量（%）			
		1	2	3	4
5	29	5.44			
7	29	5.82			
1	29		7.33		
4	29		7.64		
2	29		7.68		
6	29			9.54	
3	29				10.32
显著值（相似概率）		0.074	0.117	1.000	1.000

6.3.2　半阳坡微地形土壤含水量聚类分析

单独用土层含水量聚类分析，从聚类树状图可见，半阳向 7 个微地形被分为 2 或 3 类时，类间距离较大、类间差异明显。当分为 3 类时，半阳向小切沟与半阳向大切沟阴坡为一类，土层含水量最高分别为10.32%和9.54%。半阳向陡坡、陡坡上浅沟、半阳向大切沟底为一类，土层含水量居中7.33%~7.68%。半阳向大切沟阳坡和半阳向沟坡为一类，土层含水量最低分别为5.44%和5.82%。

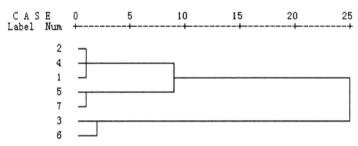

图6-2 半阳坡微地形土壤含水量聚类树状图

Fig. 6-2 Clustering tree of microreliefs by SWC on semi-sunny slope in early Spring

6.4 半阴坡典型微地形土壤含水量的比较

6.4.1 微地形土壤含水量多重比较

表6-12 春季半阴向微地形土壤含水量

Tab. 6-12 Descriptives of SWC of microreliefs on semi-shade slope in Spring

微地形*	样本（N）	平均值（%）	标准差（%）	标准误差（%）	95%置信区间（%）			最小值（%）	最大值（%）	变异系数
					下限	上限	极差			
1	29	11.51	0.667	0.124	11.26	11.76	0.50	9.55	12.28	0.0832
2	29	10.97	0.621	0.115	10.74	11.21	0.47	10.01	12.35	0.0568
3	29	9.56	1.816	0.337	8.86	10.24	1.38	6.75	12.91	0.3146
4	29	12.33	1.183	0.220	11.88	12.78	0.90	10.81	15.40	0.0185
5	28	6.60	0.734	0.139	6.32	6.89	0.57	5.60	7.70	0.1590
6	29	12.16	0.773	0.144	11.86	12.45	0.59	10.02	13.64	0.0631
7	29	9.23	0.913	0.170	8.88	9.58	0.69	7.62	10.56	0.0110
合计	202	10.36	2.134	0.150	10.06	10.65	0.59	5.60	15.40	

注：1~7分别代表半阴向峁坡、浅沟、小切沟、大切沟底、大切沟阳向坡面、大切沟阴向坡面和沟坡。

半阴坡不同微地形土层含水量大小依次为：半阴向大切沟底（4）12.33% >半阴向大切沟阴向坡面（6）12.16% >半阴向峁坡（1）11.51% >半阴峁坡上浅沟（2）10.97% >半阴向小切沟（3）9.56% >半阴向沟坡（7）9.23% >半阴向大切沟阳向坡面（5）6.60%。

表 6-13　早春半阴向微地形土壤含水量多重比较（Tamhane's T2 法）

Tab. 6-13　Multiple Comparisons of SWC of microreliefs on semi-shade slope in Spring

微地形 (I)	微地形 (J)	均值差（%）	标准误差（%）	显著值	95% 置信区间（%） 下限	95% 置信区间（%） 上限
1	2	0.5376（＊）	0.16916	0.050	0.0005	1.0748
	3	1.9554（＊）	0.35916	0.000	0.7832	3.1276
	4	-0.8237（＊）	0.25215	0.043	-1.6344	-0.0130
	5	4.9049（＊）	0.18599	0.000	4.3135	5.4963
	6	-0.6474（＊）	0.18964	0.025	-1.2500	-0.0448
	7	2.2782（＊）	0.20997	0.000	1.6088	2.9477
2	1	-0.5376（＊）	0.16916	0.050	-1.0748	-0.0005
	3	1.4178（＊）	0.35628	0.007	0.2524	2.5831
	4	-1.3613（＊）	0.24804	0.000	-2.1609	-0.5618
	5	4.3672（＊）	0.18038	0.000	3.7930	4.9415
	6	-1.1851（＊）	0.18414	0.000	-1.7709	-0.5992
	7	1.7406（＊）	0.20501	0.000	1.0856	2.3956
3	1	-1.9554（＊）	0.35916	0.000	-3.1276	-0.7832
	2	-1.4178（＊）	0.35628	0.007	-2.5831	-0.2524
	4	-2.7791（＊）	0.40237	0.000	-4.0663	-1.4919
	5	2.9495（＊）	0.36457	0.000	1.7639	4.1351
	6	-2.6028（＊）	0.36645	0.000	-3.7930	-1.4126
	7	0.3228	0.37737	1.000	-0.8955	1.5412
4	1	0.8237（＊）	0.25215	0.043	0.0130	1.6344
	2	1.3613（＊）	0.24804	0.000	0.5618	2.1609
	3	2.7791（＊）	0.40237	0.000	1.4919	4.0663
	5	5.7286（＊）	0.25981	0.000	4.8964	6.5608
	6	0.1763	0.26243	1.000	-0.6632	1.0157
	7	3.1019（＊）	0.27747	0.000	2.2184	3.9854
5	1	-4.9049（＊）	0.18599	0.000	-5.4963	-4.3135
	2	-4.3672（＊）	0.18038	0.000	-4.9415	-3.7930
	3	-2.9495（＊）	0.36457	0.000	-4.1351	-1.7639
	4	-5.7286（＊）	0.25981	0.000	-6.5608	-4.8964
	6	-5.5523（＊）	0.19971	0.000	-6.1868	-4.9178
	7	-2.6267（＊）	0.21911	0.000	-3.3239	-1.9294
6	1	0.6474（＊）	0.18964	0.025	0.0448	1.2500
	2	1.1851（＊）	0.18414	0.000	.5992	1.7709
	3	2.6028（＊）	0.36645	0.000	1.4126	3.7930
	4	-0.1763	0.26243	1.000	-1.0157	.6632
	5	5.5523（＊）	0.19971	0.000	4.9178	6.1868
	7	2.9256（＊）	0.22221	0.000	2.2193	3.6319
7	1	-2.2782（＊）	0.20997	0.000	-2.9477	-1.6088
	2	-1.7406（＊）	0.20501	0.000	-2.3956	-1.0856
	3	-0.3228	0.37737	1.000	-1.5412	.8955
	4	-3.1019（＊）	0.27747	0.000	-3.9854	-2.2184
	5	2.6267（＊）	0.21911	0.000	1.9294	3.3239
	6	-2.9256（＊）	0.22221	0.000	-3.6319	-2.2193

注：＊0.05 水平上差异显著。

Tamhane's T2 法多重比较表明：半阴向峁坡(1)、半阴向峁坡上浅沟(2)、半阴向大切沟阳坡(5)分别与其他微地形土壤含水量差异显著；而半阴向小切沟(3)与半阴向沟坡(7)、半阴向大切沟底(4)与半阴向大切沟阴坡(6)土壤含水量差异不显著。Duncan 一致性子集检验半阴向大切沟底(4)与半阴向大切沟阴坡(6)一个子集，半阴向峁坡(1)与半阴向峁坡上浅沟(2)一个子集，而半阴向小切沟(3)与半阴向沟坡(7)一个子集，半阴向大切沟阳坡(5)单独一个子集。

表 **6-14** 春季半阴向微地形土壤含水量子集检验

Fig. 6-14 **Subset consistency test of SWC of microreliefs on semi-shady slope in Spring**

微地形	样本(N)	各子集土壤含水量(%)			
		1	2	3	4
5	28	6.60			
7	29		9.23		
3	29		9.56		
2	29			10.97	
1	29			11.51	
6	29				12.16
4	29				12.33
显著值(相似概率)		1.000	0.238	0.050	0.519

6.4.2 微地形土壤含水量聚类分析

聚类树形图可见，半阴向 7 个微地形被分为 3 类时，类间距离大、类间差异明显，分别为半阴向大切沟阳坡一类，半阴向小切沟与半阴向沟坡一类，半阴向峁坡坡面、浅沟、半阴向大切沟沟底、半阴向大切沟阴坡为一类。

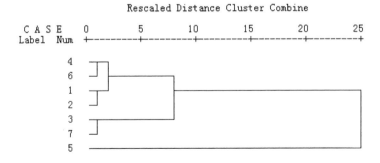

图 **6-3** 半阴向微地形土壤含水量聚类图

Fig. 6-3 **Clustering tree of microreliefs by SWC on semi-shady slope in early Spring**

6.5　三个坡向微地形土壤含水量的比较

6.5.1　微地形类型土壤含水量多重比较

　　方差分析表明，阳、半阳和半阴陡坡两两之间含水量差异极显著（Sig. = 0.000 < 0.001），可见，坡度相同的条件下，坡向不同对土壤含水量影响很大，坡向是划分立地类型主要指标之一。7 类微地形间及 21 个微地形土壤含水量均具有显著差异。

表6-15　不同坡向和微地形土壤含水量
Tab. 6-15　SWC and differentials of different slopes and microreliefs

坡类及微地形		平均含水量（%）	标准误差（%）	95%置信区间（%）		差值[a,b,c]
				下限	上限	
坡向*	1	10.34	0.064	10.21	10.46	4.48
	2	7.68	0.064	7.55	7.80	1.82
	3	5.85	0.064	5.73	5.98	0.00
微地形**	1	8.07	0.098	7.88	8.27	1.38
	2	8.14	0.098	7.95	8.34	1.44
	3	8.16	0.098	7.97	8.36	1.47
	4	9.33	0.097	9.15	9.522	2.63
	5	6.01	0.098	5.83	6.206	−0.69
	6	9.28	0.098	9.09	9.471	2.58
	7	6.70	0.098	6.51	6.890	0.00

　　注：* 坡向 1-半阴坡、2-半阳坡、3-阳坡；

　　　* * 1-峁坡面、2-浅沟、3-小切沟、4-大切沟沟底、5-切沟阳或半阳坡面、6-切沟阴或半阴坡面、7-沟坡；

　　a 差值（Difference）= 对比值（Contrast Estimate）− 检验值（Hypothesized Value）；

　　b 坡向均值对比以 3（阳坡）为参照（Reference category = 3，Sig. = 0.000）；

　　c 生境均值对比以 7（沟坡）为参照（Reference category = 7；Sig. = 0.000）。

表6-16　不同坡向土壤含水量多重比较（Tamhane's T2 法）
Tab. 6-16　Multiple comparisons of SWC on different slopes

坡向		含水量之差（I−J）（%）	标准误差（%）	显著值	95%置信区间（%）	
（I）	（J）				下限	下限
1	2	2.6777（*）	0.19769	0.000	2.2037	3.1518
	3	4.4862（*）	0.17726	0.000	4.0608	4.9115
2	1	−2.6777（*）	0.19769	0.000	−3.1518	−2.2037
	3	1.8084（*）	0.15937	0.000	1.4262	2.1907
3	1	−4.4862（*）	0.17726	0.000	−4.9115	−4.0608
	2	−1.8084（*）	0.15937	0.000	−2.1907	−1.4262

表6-17 7类微地形土壤含水量多重比较(Tamhane's T2 法)

Tab. 6-17 **Multiple comparisons of SWC of different microrelief types**

微地形		含水量之差 (I−J))(%)	标准误差(%)	显著值	95%置信区间(%)	
(I)	(J)				下限	上限
1	2	− 0.0691	0.37060	1.000	− 1.2096	1.0713
	3	− 0.1298	0.41453	1.000	− 1.4052	1.1457
	4	− 1.2419(*)	0.39010	0.036	− 2.4419	− 0.0419
	5	2.0680(*)	0.29540	0.000	1.1500	2.9859
	6	− 1.2049	0.39466	0.054	− 2.4190	0.0091
	7	1.3760(*)	0.35305	0.003	0.2887	2.4633
2	1	0.0691	0.37060	1.000	− 1.0713	1.2096
	3	− 0.0606	0.38798	1.000	− 1.2553	1.1340
	4	− 1.1727(*)	0.36176	0.030	− 2.2857	− 0.0598
	5	2.1371(*)	0.25682	0.000	1.3402	2.9340
	6	− 1.1358(*)	0.36667	0.047	− 2.2641	− 0.0075
	7	1.4451(*)	0.32146	0.000	0.4560	2.4343
3	1	0.1298	0.41453	1.000	− 1.1457	1.4052
	2	0.0606	0.38798	1.000	− 1.1340	1.2553
	4	− 1.1121	0.40666	0.135	− 2.3634	0.1392
	5	2.1977(*)	0.31695	0.000	1.2120	3.1835
	6	− 1.0752	0.41103	0.185	− 2.3399	0.1896
	7	1.5058(*)	0.37126	0.002	0.3615	2.6501
4	1	1.2419(*)	0.39010	0.036	0.0419	2.4419
	2	1.1727(*)	0.36176	0.030	0.0598	2.2857
	3	1.1121	0.40666	0.135	− 0.1392	2.3634
	5	3.3098(*)	0.28424	0.000	2.4271	4.1925
	6	00.0369	0.38637	1.000	− 1.1515	1.2254
	7	2.6179(*)	0.34377	0.000	1.5597	3.6761
5	1	− 2.0680(*)	0.29540	0.000	− 2.9859	− 1.1500
	2	− 2.1371(*)	0.25682	0.000	− 2.9340	− 1.3402
	3	− 2.1977(*)	0.31695	0.000	− 3.1835	− 1.2120
	4	− 3.3098(*)	0.28424	0.000	− 4.1925	− 2.4271
	6	− 3.2729(*)	0.29046	0.000	− 4.1753	− 2.3704
	7	− 0.6920	0.23078	0.068	− 1.4072	0.0233
6	1	1.2049	0.39466	0.054	− 0.0091	2.4190
	2	1.1358(*)	0.36667	0.047	0.0075	2.2641
	3	1.0752	0.41103	0.185	− 0.1896	2.3399
	4	− 0.0369	0.38637	1.000	− 1.2254	1.1515
	5	3.2729(*)	0.29046	0.000	2.3704	4.1753
	7	2.5809(*)	0.34893	0.000	1.5065	3.6554
7	1	− 1.3760(*)	0.35305	0.003	− 2.4633	− 0.2887
	2	− 1.4451(*)	0.32146	0.000	− 2.4343	− 0.4560
	3	− 1.5058(*)	0.37126	0.002	− 2.6501	− 0.3615
	4	− 2.6179(*)	0.34377	0.000	− 3.6761	− 1.5597
	5	0.6920	0.23078	0.068	− 0.0233	1.4072
	6	− 2.5809(*)	0.34893	0.000	− 3.6554	− 1.5065

多重比较表明：峁坡（1）、浅沟（2）、小切沟（3）之间含水量差异不显著；小切沟（3）、大切沟沟底（4）、大切沟阴或半阴坡（6）之间含水量差异不显著；大切沟阳或半阳坡（5）、沟坡（7）含水量差异不显著。DUNCAN 法一致性子集检验结果是：峁坡（1）、浅沟（2）、小切沟（3）一个子集，大切沟沟底（4）和大切沟阴或半阴坡（6）一个子集；大切沟阳或半阳坡（5）和沟坡（7）分别为一个子集。

综合考虑两种方法的检验结果，总体来说，阳、半阳和半阴三个坡向中，大切沟的极陡阳或半阳坡平均含水量 6.01% 最低，极陡沟坡含水量次低 6.70%；陡坡面及其上部的浅沟、小切沟含水量平均 8.07%~8.20%；大切沟阴或半阴坡、沟底平均含水量比较高，分别为 9.28% 和 9.32%。

6.5.2 21 个微地形土壤含水量的聚类分析

由 21 微地形土壤含水量聚类结果可以看出，微地形被分为 2~4 类时，类间距离比较大，各类的特点比较突出。当聚为四类时，半阴向陡坡坡面、坡面上浅沟、大切沟底及其切沟阴坡被划分一类，土壤含水量最高平均达到 11.74%；半阴向极陡沟坡、半阴向陡坡小切沟、半阳向小切沟、半阳向大切沟极陡阴坡划分为第二类，平均含水量 9.66%，第三类为半阳向陡坡面、半阳向大切沟沟底、半阳向陡坡浅沟和阳向大切沟沟底，平均含水量 7.67%；阳向陡坡坡面、阳向陡坡面浅沟、阳向陡坡小切沟、阳向极陡沟坡、阳向大切沟极陡半阳坡、阳向大切沟极陡半阴坡、半阳向大切沟阳坡、半阳向极陡沟坡和半阴向大切沟极陡阳坡为一类，即以阳坡极陡峁坡、急陡沟坡及其大切沟的两个坡面为主，土壤含水量最低 5.65%。

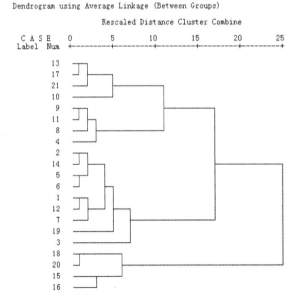

图 6-4　三坡向 21 个微地形土壤含水量聚类图

Fig. 6-4　Clustering tree diagram of 21 microreliefs according to SWC

表 6-18　春季微地形土壤含水量聚类结果

Fig. 6-18　Clustering results of 21 microreliefs according to SWC

微地形组	编号	微地形类型	平均含水量(%)	平均含水量(%)
阳极陡崾坡、急陡沟坡	3	阳向陡坡小切沟	4.62	5.65
	7	阳向急陡沟坡	5.04	
	1	阳向陡坡坡面	5.38	
	12	半阳向大切沟阳坡	5.44	
	2	阳向陡坡面浅沟	5.78	
	14	半阳向急陡沟坡	5.82	
	5	阳向大切沟陡坡半阳坡	5.99	
	6	阳向大切沟陡坡半阴坡	6.14	
	19	半阳向大切沟极陡阳坡	6.61	
半阳崾坡面及阳坡大切沟沟底	8	半阳向陡坡面	7.33	7.67
	11	半阳向大切沟沟底	7.64	
	9	半阳向陡坡浅沟	7.68	
	4	阳向大切沟沟底	8.02	
极陡半阴坡阴坡	21	半阴向急陡沟坡	9.23	9.66
	13	半阳向大切沟极陡阴坡	9.54	
	17	半阴向陡坡小切沟	9.56	
	10	半阳向小切沟	10.32	
半阴陡坡及大切沟底	16	半阴向陡坡浅沟	10.97	11.74
	15	半阴向陡坡坡面	11.51	
	20	半阴向大切沟阴坡	12.16	
	18	半阴向大切沟沟底	12.33	

6.6　小　结

春季不同微地形 0～60cm 土层土壤含水量研究结果表明：

(1)春季阳坡、半阳坡和半阴坡间土壤含水量两两间差异极显著，平均含水量分别为 5.87%、7.68%和10.36%；7 类典型微地形间土壤含水量差异显著，根据含水量之间的差异性可分为 4 组，大切沟阳半阳坡土壤含水量最低 6.01%，沟坡含水量次低 6.70%，陡坡面、浅沟及其小切沟含水量差异不明显，平均含水量分别为 8.07%、8.14%和8.20%，切沟阴半阴坡和大切沟底含水量最高 9.28%、9.32%；坡向和微地形交互形成的各个坡向不同微地形之间土壤含水量具有显著差异。

(2)春季阳坡 7 个微地形含水量差异相对较小，可以分为 2 类，阳坡大切沟沟底含水量最高，平均含水量达到 8.02%。其他微地形土壤含水量差异不大分为一类；含水量从大到小依次为阳向大切沟沟底 8.02% > 阳向大切沟半阴坡 6.14% > 阳向大切沟半阳坡 5.99% > 阳向陡坡面浅沟 5.48% > 阳向陡坡坡面 5.38% > 阳向急陡沟坡 5.04% > 阳向陡坡小切沟 4.62%。土壤含水量最低的是小切沟 4.62%。

(3)春季半阳向 7 个微地形土壤含水量分为 3 类，半阳向小切沟与半阳向大切沟阴坡为一类，半阳向陡峭坡、峭坡上浅沟、半阳向大切沟底为一类，半阳向大切沟阳坡和半阳向沟坡为一类；含水量从大到小依次为：半阳向陡坡小切沟 10.32% > 半阳向大切沟极陡阴坡 9.55% > 半阳向陡坡面浅沟 7.68%、半阳向大切沟沟底 7.64% > 半阳向陡坡坡面 7.33% > 半阳急陡沟坡 5.82%、半阳向大切沟极陡阳坡 5.44%。

（4）春季半阴向 7 个微地形被土壤含水量分 3 类，半阴向大切沟阳坡类，半阴向小切沟与半阴向沟坡类，半阴向峭坡坡面、浅沟、半阴向大切沟沟底、半阴向大切沟阴坡为一类；土层含水量大小依次为：半阴向大切沟底 12.33% > 半阴向大切沟阴向坡面 12.16% > 半阴向峭坡 11.51% > 半阴峭坡上浅沟 10.97% > 半阴向小切沟 9.56% > 半阴向沟坡 9.23% > 半阴向大切沟阳向坡面 6.60%。

（5）春季 21 种微地形土壤含水量分四类，半阴向陡坡坡面、坡面上浅沟、大切沟底及其切沟阴坡被划分一类，土壤含水量最高，平均达到 11.74%；半阴向极陡沟坡、半阴向陡坡小切沟、半阳向小切沟、半阳向大切沟极陡阴坡为第二类，平均含水量 9.66%，第三类为半阳向陡坡面、半阳向大切沟沟底、半阳向陡坡浅沟和阳向大切沟沟底，平均含水量 7.67%；阳向陡坡坡面、阳向陡坡面浅沟、阳向陡坡小切沟、阳向极陡沟坡、阳向大切沟极陡半阳坡、阳向大切沟极陡半阴坡、半阳向大切沟阳坡、半阳向极陡沟坡和半阴向大切沟极陡阳坡为一类，即以阳坡极陡峭坡、急陡沟坡及其大切沟的两个坡面为主，土壤含水量最低 5.65%。

第7章 影响土壤含水量的主要因素

7.1 微地形对降雨入渗的影响

持续干旱条件下，一场小雨对于缓解土壤干旱，增加土壤湿度具有重要意义。降雨通过土壤入渗补充土壤水分，微地形不同影响土壤入渗速度，从而，导致入渗深度不同。现在以2008年7月上旬一次小降雨为例，选择西偏北4°，坡度32°坡面，分别坡面、浅沟（平均间距14.6m、平均深度0.69m）和小切沟（平均长宽深分别为5.4m、3.5m和3.6m），分析微地形不同对降雨入渗深度的影响。

表7-1 半阳向陡坡不同微地形基本情况

Tab. 7-1 Microrelief basic information on semi-sunny abrup slope

微地形	（代码）观测点	植被				
		植物种	盖度（%）	平均丛幅（cm²）	当量丛径（cm）	平均高度（cm）
坡面	(1)草丛中 (2)草丛间隙	针茅、茭蒿、铁杆蒿、胡枝子	65	1554.67	38.37	36.0
浅沟	(3)草丛中 (4)草丛间隙	铁杆蒿、委陵菜、针茅	85	968.90	29.91	36.6
小切沟	(5)草丛中 (6)草丛间隙	铁杆蒿、针茅	90	1868.33	39.94	64.5

表7-2 不同观测量的降雨入渗深度

Tab. 7-2 Descriptives of rainfall infiltration depth of different observation points

观测量*	样本量（N）	平均值（cm）	标准差（cm）	标准误差（cm）	95%置信区间（cm）		最小值（cm）	最大值（cm）
					下限	上限		
1	30	4.83	0.782	0.143	4.54	5.12	3.50	6.00
2	30	7.19	0.367	0.067	7.05	7.33	6.50	8.00
3	30	5.18	0.952	0.174	4.82	5.53	3.00	6.30
4	30	7.09	0.521	0.095	6.89	7.28	6.30	8.30
5	30	7.25	1.576	0.288	6.66	7.84	4.20	9.50
6	30	8.98	1.190	0.217	8.53	9.42	6.30	11.20
总体	180	6.75	1.703	0.127	6.50	7.00	3.00	11.20

注*：1.半阳向陡坡草丛中；2.半阳向陡坡草丛间地；3.半阳向陡坡浅沟草丛中；4.半阳向陡坡浅沟草丛间地；5.半阳向陡坡小切沟草丛中；6.半阳向陡坡小切沟草丛间地。

7.1.1　微地形对降雨入渗深度的影响

因素效应检验结果表明，微地形因素显著值 0.00 小于 0.05，不同微地形对降雨入渗深度影响很明显。

表 7-3　各因素对降雨入渗深度效应检验

Tab. 7-3　**Rainfall infiltration depth tests of between-subjects effects**

变差来源	离差平方和	自由度	均方	F 值	显著值 Sig.
校正模型	350.302(a)	5	70.060	72.182	0.000
截距	8205.301	1	8205.301	8453.713	0.000
微地形	167.316	2	83.658	86.191	0.000
植物	179.800	1	179.800	185.243	0.000
误差	168.887	174	0.971		
总变差	8724.490	180			
校正的总变差	519.189	179			

多项式对比看出：坡面与小切沟、浅沟与小切沟之间显著值 0.000 小于 0.05，两两间降雨入渗深度均有显著差异；坡面与浅沟之间显著值 0.339 大于 0.05，降雨入渗深度没有显著差异。均值对比分析检验结果同样表明：小切沟较坡面降雨入渗深 2.103cm，两者对降雨入渗影响极显著（Sig. = 0.000 < 0.01），浅沟较坡面降雨入渗深 0.122cm，显著值 0.500 大于 0.05，两者对降雨入渗深度影响不显著（Sig. = 0.500 > 0.05）；小切沟比浅沟降雨入渗深 1.981cm，两者差异极显著（Sig. = 0.000 < 0.01）。

表 7-4　不同微地形（多项式）对降雨入渗深度比较

Tab. 7-4　**Contrast tests of rainfall infiltration depth between microreliefs**

多项式对比模式	多项式的值	标准误差	t 值	自由度 df	显著值（2-tailed）
坡面（1+2）效应和对比小切沟（5+6）效应和	−4.2067	0.39351	−10.690	73.071	0.000
坡面（1+2）效应和对比浅沟（3+4）效应和	−0.2433	0.25330	−0.961	83.396	0.339
浅沟（3+4）效应和对比小切沟（5+6）效应和	−3.9633	0.41139	−9.634	82.438	0.000

注：1~6 代码物理意义与表 7-1、表 7-2 相同。

表7-5 各因素对降雨入渗深度假设检验对比结果
Tab. 7-5 Rainfall infiltration depth contrast results（K Matrix）

因素	比较项	对比值（cm）	检验值（cm）	标准误差（cm）	显著值 Sig.	95%置信区间（cm）	
						上限	下限
地形	浅沟与坡面	0.122	0	0.180	0.500	0.477	-0.233
	小切沟与坡面	2.103	0	0.180	0.000	2.458	1.748
	小切沟比浅沟	1.981	0	0.180	0.000	2.281	1.681
植物	草丛中与丛间地	-1.999	0	0.147	0.000	-1.709	-2.289

7.1.2 微地形上有无草被对雨水入渗的影响

黄土丘陵沟壑区降雨稀少，光照强烈，大气干旱，土壤蒸发导致土壤干旱、含水量低。吴起县属于干旱草原地带，自然草被不仅比较稀疏，而且随机分布性强，不同坡面草被的多少、灌丛的大小等对土壤降雨入渗都将产生一定影响。

由表7-3和表7-5已知，草丛的有无对降雨入渗深度具有极显著影响（Sig. = 0.000 < 0.01），丛间地较草丛中降雨入渗深1.999cm。

多重比较显示陡坡坡面、浅沟和小切沟上，草冠的有无对降雨入渗具有显著影响，丛间无草冠的裸地较草丛降雨入渗分别深2.36cm、1.91cm和1.73cm（图7-1、表7-6）。

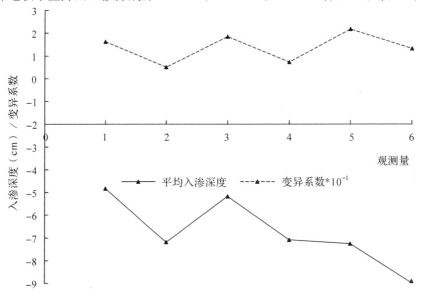

图7-1 各观测量降雨入渗深度及其变异系数
Fig. 7-1 Rainfall infiltration depth an Cv of different observation points

表 7-6　观测量间降水入渗深度均值多重比较(Tamhane's T2 法)

Tab. 7-6　Multiple Comparisons of rainfall infiltration depth between observation points

观测量 (I)	观测量 (J)	均值差异(I−J) (cm)	标准误差 (cm)	显著值 Sig.	95% 置信区间(cm)	
					下限	上限
1	2	−2.36000(＊)	0.15775	0.000	−2.8502	−1.8698
	3	−0.34667	0.22498	0.874	−1.0347	0.3414
	4	−2.25667(＊)	0.17160	0.000	−2.7839	−1.7294
	5	−2.42000(＊)	0.32124	0.000	−3.4164	−1.4236
	6	−4.14667(＊)	0.25992	0.000	−4.9456	−3.3477
2	1	2.36000(＊)	0.15775	0.000	1.8698	2.8502
	3	2.01333(＊)	0.18632	0.000	1.4308	2.5959
	4	0.10333	0.11637	0.999	−0.2537	0.4604
	5	−0.06000	0.29545	1.000	−0.9941	0.8741
	6	−1.78667(＊)	0.22728	0.000	−2.5014	−1.0719
3	1	0.034667	0.22498	0.874	−0.3414	1.0347
	2	−2.01333(＊)	0.18632	0.000	−2.5959	−1.4308
	4	−1.91000(＊)	0.19818	0.000	−2.5227	−1.2973
	5	−2.07333(＊)	0.33619	0.000	−3.1094	−1.0373
	6	−3.80000(＊)	0.27819	0.000	−4.6511	−2.9489
4	1	2.25667(＊)	0.17160	0.000	1.7294	2.7839
	2	−0.10333	0.11637	0.999	−0.4604	0.2537
	3	1.91000(＊)	0.19818	0.000	1.2973	2.5227
	5	−0.16333	0.30307	1.000	−1.1148	0.7882
	6	−1.89000(＊)	0.23710	0.000	−2.6284	−1.1516
5	1	2.42000(＊)	0.32124	0.000	1.4236	3.4164
	2	0.06000	0.29545	1.000	−0.8741	0.9941
	3	2.07333(＊)	0.33619	0.000	1.0373	3.1094
	4	0.16333	0.30307	1.000	−0.7882	1.1148
	6	−1.72667(＊)	0.36051	0.000	−2.8310	−0.6224
6	1	4.14667(＊)	0.25992	0.000	3.3477	4.9456
	2	1.78667(＊)	0.22728	0.000	1.0719	2.5014
	3	3.80000(＊)	0.27819	0.000	2.9489	4.6511
	4	1.89000(＊)	0.23710	0.000	1.1516	2.6284
	5	1.72667(＊)	0.36051	0.000	0.6224	2.8310

7.1.3　微地形与草被交互作用对雨水入渗的影响

方差一致性检验和方差分析和显著值都等于0.000小于0.05,说明6种观测量方差不相等,且降雨入渗深度均值具有显著差异。Tamhane's T2 多重比较和子集一致性检验结果可以看出:①坡面草丛除了与浅沟草丛降雨入渗深度无显著差异,入渗深度较浅,平均入渗深度分别为4.83cm 和5.18cm,与其他四个观测量即坡面草丛间地、浅沟草丛、小切沟草丛及草丛间地降雨入渗深度之间具有差异显著。②坡面草丛间地与浅沟草丛间地、小切沟草丛中降雨入渗深度差异不显著,入渗平均深度分别为7.19cm、7.09cm 和7.25cm。与坡面草丛浅沟草丛中、小切沟草丛间地降雨入渗深度差异显著。③小切沟草丛间地与其他5个观测点土壤入渗深度均值之间差异明显，且入渗最深，平均达到 8.98cm。④对比半阳向陡坡上不同观测量降雨入渗深度：小切沟草丛间地＞小切沟草丛、陡坡草丛间地、浅沟草丛间地＞浅沟草丛、陡坡草丛。

（a）草丛间降雨入渗深度　　　（b）草丛间地降雨入渗深度　　　（c）草丛间降雨入渗深度

图 7-2　观测点的降雨入渗深度

Fig. 7-2　Rainfall infiltration depth of different observation points

表 7-7　不同植被覆盖和微地形的降雨入渗深度

Tab. 7-7　Rainfall infiltration depth of different vegetative cover and microreliefs

因素	水平	均值（cm）	标准误差（cm）	95%置信区间（cm）	
				下限	上限
植物	草丛间地	7.75	0.104	7.55	7.96
	草丛中	5.75	0.104	5.55	5.96
生境	坡面	6.01	0.127	5.76	6.26
	浅沟	6.13	0.127	5.88	6.38
	小切沟	8.11	0.127	7.86	8.36
草丛间地	坡面	7.19	0.180	6.84	7.54
	浅沟	7.09	0.180	6.73	7.44
	小切沟	8.98	0.180	8.62	9.33
草丛中	坡面	4.83	0.180	4.48	5.18
	浅沟	5.18	0.180	4.82	5.53
	小切沟	7.25	0.180	6.90	7.60

表 7-8　观测量降水入渗深度子集一致性检验（Duncan 法）
Tab. 7-8　Subset consistency test of rainfall infiltration depth of observation points

观测量	样本数（N）	各子集入渗深度（cm）		
		1	2	3
1	30	4.83		
3	30	5.18		
4	30		7.09	
2	30		7.19	
5	30		7.25	
6	30			8.98
显著值（相似概率）		0.175	0.550	1.000

7.1.4　小结

综上所述，7 月中旬小雨条件下，半阳向陡坡坡面、浅沟和小切沟对降雨入渗深度主要有以下影响：

（1）微地形间降雨入渗深度差异显著，坡面与小切沟、浅沟与小切沟之间降雨入渗深度差异显著，而坡面与浅沟降雨入渗深度差异不显著。入渗深度从大到小依次排序为小切沟 > 浅沟 > 坡面，分别为 8.11 cm、6.13 cm 和 6.01 cm。

（2）草丛中与草丛间地对降雨入渗深度具有极显著影响，草丛间地入渗深度（7.75 cm）较草丛中入渗深度（5.75 cm）深 1.99 cm。草被对小型降雨的地上截留直接影响降雨入渗深度，干旱季节减少土壤储水。所以稀疏的地上枝叶对促进土壤水分入渗，保证植株生长具有一定意义。

（3）根据入渗深度，可将 6 个观测量分为三种入渗类型。第一类入渗最深型：小切沟草丛间地入渗深度最深，平均入渗 8.98 cm；第二类入渗较深型：小切沟草丛中平均入渗 7.25 cm、坡面草丛间地平均入渗 7.19 cm、浅沟草丛间地平均入渗 7.09 cm；第三类入渗最浅型：浅沟草丛中平均入渗 5.18 cm 和坡面草丛中平均入渗 4.83 cm。

（4）降雨入渗从深到浅的观测量依次为：小切沟草丛间地 > 小切沟草丛中、浅沟草丛间地、坡面草丛间地 > 浅沟草丛中、坡面草丛中。一方面是草丛地上部分截留部分降水，另一方面小切沟依据比较陡峭的切沟壁的保护，减小风力和太阳直接照射的时间，从而降低了水分的蒸发。

7.2　降雨对微地形土壤含水量的影响

黄土深厚，地下水位较深，土壤水分的补充主要依靠大气降水，特别是雨季能大大增加土壤含水量，微地形形态特征的不同，不仅通过汇集股流作用促使大气降水再分配、增加入渗时间和入渗水量，而且通过减少日照时间和强度达到减少土壤蒸发等综合作用，使土壤补充的水分含量产生差异。以典型陡峭坡 0~60cm 土层含水量及其变化为例，分析说明降水对微地形土壤含水量的影响。

7.2.1　秋季典型微地形土壤含水量

7.2.1.1　阳坡微地形土壤含水量

表 7-9　秋季阳坡各微地形土壤含水量统计量表
Tab. 7-9　Descriptives of of average SWC of microreliefs on sunny slope in Autumn

微地形（编码）	样本（N）	平均值（%）	标准差（%）	标准误差（%）	95% 置信区间（%）		最小值（%）	最大值（%）
					下限	上限		
阳向陡坡面（1）	28	10.33	0.3480	0.0658	10.20	10.47	9.68	10.95
阳向陡坡面浅沟（2）	29	10.52	0.6022	0.1118	10.29	10.75	9.64	11.43
阳向急陡沟坡（3）	30	8.72	0.7078	0.1292	8.45	8.98	7.38	9.76
阳向陡坡面小切沟（4）	32	9.09	1.3212	0.2335	8.62	9.57	7.32	11.57
阳向大切沟半阴坡（5）	31	11.77	0.3856	0.0693	11.63	11.91	11.03	12.41
阳向大切沟半阳坡（6）	30	10.29	0.5786	0.1056	10.07	10.50	9.16	11.10
阳向大切沟沟底（7）	31	13.36	0.8874	0.1594	13.04	13.69	12.16	15.36
总体	211	10.59	1.6660	0.1147	10.36	10.82	7.32	15.36

土壤平均含水量大小依次排序为：阳向大切沟沟底含水量 13.36% > 阳向大切沟半阴坡含水量 11.77% > 阳向浅沟 10.52% > 阳向坡面 10.33% > 阳向大切沟半阳坡含水量 10.29% > 阳向小切沟 9.09% > 阳向沟坡含水量 8.72%。

方差分析和一致性检验均表明，显著值 0.000 小于 0.05，说明 7 种微地形土壤含水量均值具有显著差异，且各组间的方差在 0.05 的显著水平上有显著差异，即方差不具备一致性。Tamhane's T2 法进行均值的多重比较的结果显示，阳向大切沟半阴坡（5）、阳向大切沟沟底（7）与其他类型微地形土层含水量差异均显著；阳向陡坡坡面（1）、阳向陡坡浅沟（2）和阳向大切沟半阳坡（6）之间含水量差异不显著；阳向沟坡（3），阳向陡坡小切沟（4）含水量差异不显著。

Duncan 一致性检验可将含水量分为 4 类，这与 Tamhane's T2 均值多重比较结果相一致，阳坡 0~60cm 土层平均含水量由大到小的微地形类型依次为：阳向大切沟沟底含水量最高 13.36%；阳向大切沟半阴坡含水量次高 11.77%；阳向浅沟、阳向坡面和阳向大切沟半阳坡含水量较少，分别为 10.52%、10.33% 和 10.29%；阳向小切沟 9.09%、阳向沟坡含水量最低 8.72%。

聚类显示，7 种微地形被分为 2~4 类时，类间距离比较大，类间差异比较明显。当 7 种微地形被聚为 2 类时，第 7 种即阳向大切沟沟底土壤含水量最大，单独为一类与其他微地形含水量差异最大；当 7 种微地形被聚为 3 类时，依次把第 3 阳向沟坡、第 4 阳向陡坡小切沟划分出来为一类；当 7 种微地形被聚为 4 类时，第 7 种即阳向大切沟沟底单独为一类，第 5 阳向大切沟半阴坡单独为一类，第 3 阳向沟坡和第 4 阳向陡坡小切沟为一类，第 1 阳向陡坡坡面、第 2 阳向陡坡浅沟和第 6 阳向大切沟半阳坡为一类。

表 7-10　秋季阳坡微地形土壤含水量一致性子集检验

Tab. 7-10　Subset consistency test of SWC of microreliefs on suny slope in in Autumn

微地形（编码）	样本数（N）	各子集土壤含水量（%）			
		1	2	3	4
阳向沟坡（3）	30	8.72			
阳向陡坡面小切沟（4）	32	9.09			
阳向大切沟半阳坡（6）	30		10.29		
阳向陡坡面（1）	28		10.33		
阳向陡坡面浅沟（2）	29		10.52		
阳向大切沟半阴坡（5）	31			11.77	
阳向大切沟沟底（7）	31				13.36
显著值（相似概率）		0.060	0.274	1.000	1.000

多重比较、聚类分析和 Duncan 法一致性检验比较结果可见，单从雨季之后土层含水量看，正阳坡 0~60cm 土层平均含水量由大到小的微地形类型依次为四类：

第一类土壤含水量较高型，阳向大切沟沟底（含水量 13.36%）微地形；因为沟底是流水主要通道，且受小切沟陡峭壁面的阻碍，减少太阳光直接辐射，并在沟内形成无风或弱风区，降低了土壤无效的蒸发。

第二类土壤含水量适中型，阳向大切沟半阴坡（11.77%）；这个类型的微地形坡面背向阳光，雨季后太阳光直接照射的时间短，所以，土壤含水量较高。

第三类：土壤含水量较低型，阳向陡坡浅沟（10.52%）、阳向陡坡面（10.33%）和阳向大切沟半阳坡（10.29%）；受阳光直接照射的影响，土壤水分蒸发较快，因此，土层含水量比较低。

第四类：土壤含水量极低型　阳向陡坡小切沟（9.09%）、阳向沟坡（8.72%）。小切沟虽然可以接受比较多的水分，但是它直接朝向太阳，土壤蒸发较快，沟坡不仅面朝太阳，而且坡度很陡，降雨入渗少，土壤蒸发强烈，所以，这种类型的微地形土壤含水量最低。

显然，阳向大切沟沟底很长，雨季降水产生的经流以及冲刷形成的台阶、洼陷可入渗更多的水分，减少土壤水分蒸发，含水量最高；受坡向影响，阳向大切沟半阴坡含水量次之；阳向坡面浅沟由于相对深度不到 1m，阳向大切沟半阳坡坡度 45°，所以，与 32° 陡坡上土层含水量差异不明显；阳向小切沟由于生长的植被较茂密，切沟较短且是一个开放的小系统，直面阳光，植物蒸腾和土层蒸发较大，导致形成与急陡阳向沟坡土壤层含水量最低。

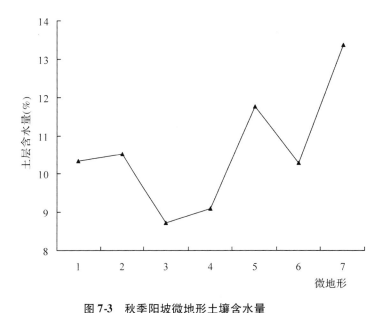

图 7-3 秋季阳坡微地形土壤含水量

Fig. 7-3 SWC of microreliefs on sunny slope in Autumn

7.2.1.2 半阳坡微地形土壤含水量

秋季半阳坡土壤含水量排序为：半阳陡坡面小切沟含水量 13.72% > 半阳向大切沟阴坡含水量 12.37% 、半阳向陡坡坡面含水量 12.35% > 半阳向大切沟沟底 11.94% 、半阳向陡坡浅沟 11.85% > 半阳向沟坡 10.25% 、半阳向大切沟阳坡 10.13% 。

表 7-11 秋季半阳坡微地形土壤平均含水量统计量表

Tab. 7-11 Descriptives of SWC of microreliefs on semi-sunny slope in Autumn

微地形		样本（N）	含水量（%）	标准差（%）	标准误差（%）	95% 置信区间（%）		最小值（%）	最大值（%）
编码	类型					下限	上限		
1	半阳向陡坡坡面	30	12.35	0.6044	0.1103	12.13	12.58	10.44	13.19
2	半阳向陡坡浅沟	30	11.85	0.6669	0.1217	11.60	12.10	10.49	12.78
3	半阳向急陡沟坡	30	10.25	0.5710	0.1042	10.03	10.46	9.32	11.46
4	半阳陡坡面小切沟	30	13.72	0.8399	0.1534	13.41	14.04	11.86	15.06
5	半阳向大切沟阴坡	30	12.37	0.7850	0.1433	12.07	12.66	11.27	13.96
6	半阳向大切沟阳坡	30	10.13	0.5890	0.1075	9.91	10.35	9.00	11.29
7	半阳向大切沟沟底	30	11.94	1.1131	0.2032	11.53	12.36	10.12	14.39
总体		210	11.80	1.3903	0.0959	11.61	11.99	9.00	15.06

Tamhane's 法均值多重比较表明：半阳陡坡面（1）与半阳陡坡面浅沟（2）、半阳向大切沟阴坡（5）、半阳向大切沟沟底（7）微地形土层含水量间差异不显著；半阳向沟坡（3）与半阳向大切沟阳坡（6）间差异不显著，但半阳陡坡面小切沟（4）与其他 6 种微地形土壤含水量均具

有显著差异。Duncan 法一致性检验把 7 种微地形划分为 4 个子集，3 与 6 一个子集、2 与 7 一个子集、1 与 5 一个子集、4 单独为一个子集。

表 7-12　秋季半阳坡土壤含水量一致性检验（Duncan 法）

Tab. 7-12　Subset consistency test of SWC of microreliefs on semi-sunny slope in Autumn

（编码）微地形	样本量（N）	各子集土壤含水量（%）			
		1	2	3	4
6 半阳向大切沟阳坡	30	10.13			
3 半阳向沟坡	30	10.25			
2 半阳向陡坡浅沟	30		11.85		
7 半阳向大切沟沟底	30		11.94		
1 半阳向陡坡坡面	30			12.35	
5 半阳向大切沟阴坡	30			12.37	
4 半阳陡坡坡面小切沟	30				13.72
显著值（相似概率）		0.536	0.641	0.941	1.000

根据半阳坡微地形秋季土壤含水量的 Tamhane's T2 多重比较和聚类分析结果，可将微地形分为 3 种类型：第一类土壤水分较高型，半阳向陡坡小切沟（13.72%）一个微地形。主要是受小切沟陡峭壁面的阻碍，减少太阳光直接辐射，并在沟内形成无风或弱风区，降低了土壤无效的蒸发。第二类土壤水分适中型，包括半阳向大切沟阴坡（12.37%）、半阳向陡坡坡面（12.35%）、半阳向大切沟沟底（11.94%）和半阳向陡坡浅沟（11.85%）四个微地形。半阳向陡坡坡面和浅沟雨季之后受太阳直接照射时间缩短，切沟沟底虽然降雨入渗较多，但比较密闭草灌植被地上枝叶截留蒸发和生长蒸腾消耗较多的土层水分，导致这类微地形土层含水量不高。第三类土壤水分较低型，半阳急陡沟坡（10.25%）、半阳大切沟阳坡（10.13%）两个微地形。坡向朝南、坡度较陡，降雨入渗少，土壤蒸发快，导致土层含水量较低。

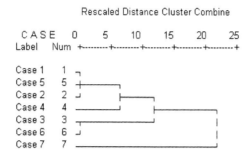

图 7-4　秋季半阳坡微地形土壤含水量聚类

Fig. 7-4　Clustering tree of microreliefs by SWC on semi-sunny slope in Autumn

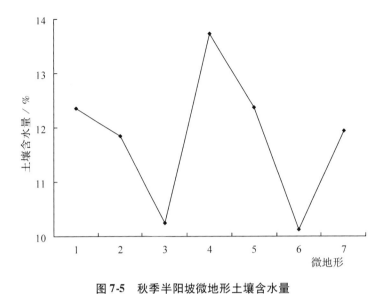

图 7-5 秋季半阳坡微地形土壤含水量

Fig. 7-5 SWC of microreliefs on semi-sunny slope in Autumn

7.2.1.3 半阴坡微地形土壤含水量

半阴坡微地形土壤平均含水量大小排序依次为：（4）半阴陡坡面小切沟15.40% >（1）半阴向陡坡坡面14.27% 、（5）半阴向大切沟半阴坡14.24% >（7）半阳向大切沟沟底13.66% >（2）半阴向陡坡浅沟13.58% >（3）半阴向沟坡11.99% >（6）半阴向大切沟半阳坡11.02%。

表 7-13 秋季半阴坡微地形土壤平均含水量

Tab. 7-13 Descriptives of SWC of microreliefs on semi-shady slope in Autumn

（编码）微地形	样本（N）	含水量（%）	标准差（%）	标准误差（%）	95%置信区间（%）下限	95%置信区间（%）上限	最小值（%）	最大值（%）
1 半阴向陡坡坡面	30	14.27	0.6343	0.1158	14.04	14.51	13.11	15.28
2 半阴向陡坡浅沟	30	13.58	0.6631	0.1211	13.334	13.82	12.30	14.85
3 半阴向急陡沟坡	30	11.99	1.2198	0.2227	11.54	12.45	10.04	14.67
4 半阴陡坡面小切沟	30	15.40	1.0247	0.1871	15.01	15.78	13.80	17.39
5 半阴大切沟半阴坡	30	14.24	0.9053	0.1653	13.90	14.58	12.54	15.87
6 半阴大切沟半阳坡	30	11.02	0.7833	0.1430	10.73	11.32	9.22	13.20
7 半阳向大切沟沟底	30	13.66	1.0476	0.1913	13.27	14.05	11.93	15.57
总体	210	13.45	1.6458	0.1136	13.23	13.68	9.22	17.39

表 7-14　秋季半阴坡微地形土壤含水量方差检验结果（Tamhane's T2 法）
Tab. 7-14　**Variance test result of SWC of microreliefs on semi-shady slope in Autumn**

微地形或编码	1	2	3	4	5	6	7
1 半阴向陡坡坡面	—						
2 半阴向陡坡浅沟	＊＊	—					
3 半阴向沟坡	＊＊	＊＊	—				
4 半阴向陡坡小切沟	＊＊	＊＊	＊＊	—			
5 半阴向大切沟半阴坡	—	＊	＊＊	＊＊	—		
6 半阴向大切沟半阳坡	＊＊	＊＊	＊	＊＊	＊＊	—	
7 半阴向大切沟沟底	—	—	＊＊	＊＊	—	＊＊	—

注：＊＊表示在置信水平 99％下，两两具有极显著差异；＊表示在置信水平 95％下，两两具有显著差异；—表示没有差异。

　　方差分析表明：半阴向急陡沟坡（3），半阴向陡坡小切沟（4）、半阴向大切沟半阳坡（6）均与其他 6 类微地形土壤含水量具有显著差异；半阴向陡坡坡面（1）与半阴向大切沟半阴坡（5）、半阴向大切沟沟底（7）差异不显著，半阴向陡坡浅沟（2）与半阴向大切沟沟底（7）差异不显著，半阴向大切沟半阴坡（5）与半阴向陡坡坡面（1）、半阴向大切沟沟底（7）差异不显著。一致性子集检验表明 6、3、4 分别为单独的子集，2、7 一个子集，1、5 一个子集。

表 7-15　秋季半阴坡微地形土壤含水量一致性检验（Duncan 法，alpha ＝0.05）
Tab. 7-15　**Subset consistency test of SWC of microreliefs on semi-shady slope in Autumn**

微地形	样本（N）	各子集土壤含水量（％）				
		1	2	3	4	5
6 半阴向大切沟半阳坡	30	11.02				
3 半阴向沟坡	30		11.99			
2 半阴向陡坡浅沟	30			13.58		
7 半阴向大切沟沟底	30			13.66		
5 半阴向大切沟半阴坡	30				14.24	
1 半阴向陡坡坡面	30				14.27	
4 半阴向陡坡小切沟	30					15.40
显著值（相似概率）		1.000	1.000	0.740	0.887	1.000

　　根据土壤含水量的聚类结果，秋季半阴坡微地形可分为三种类型：
　　第一类土壤含水量较高型。半阴向陡坡小切沟（15.39％）；受小切沟陡峭壁面的遮蔽，雨季之后的秋季，太阳直接照射的时间很短，且在沟内形成无风或弱风区，大大降低了土壤无效的蒸发，所以，在所有微地形中，它的含水量最高。
　　第二类土壤含水量适中型。半阴向陡坡坡面（14.27％）、半阴向大切沟半阴坡（14.24％）、半阴向大切沟沟底（13.66％）和半阴向陡坡浅沟（13.58％）；半阴向陡坡坡面、半阴向大切沟偏阴极陡坡面和半阴向陡坡浅沟含水量相当，而半阴向大切沟沟底含水量相对较少，主要是沟底植被茂密，植被生长消耗和地上部分截流降水作用的结果。

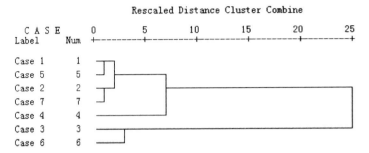

图7-6　秋季半阴坡微地形土壤含水量聚类
Fig. 7-6　Clustering tree of SWC of microreliefs on semi-shady slope in Autumn

第三类土壤含水量较低型。半阴向急陡沟坡（11.99%）和半阴向大切沟半阳坡（11.02%）。由于半阴向沟坡受坡度的影响，半阴向沟坡坡度急陡（47°），降雨入渗少，阴向大切沟半阳坡不仅坡度陡，而且坡面朝阳，所以，土壤含水量最低。

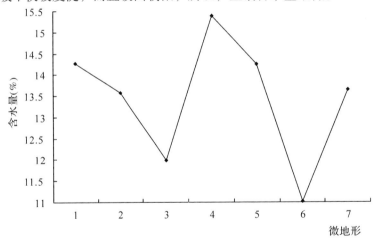

图7-7　秋季半阴坡微地形土壤含水量
Fig. 7-7　SWC of microreliefs on semi-shady slope in Autumn

7.2.1.4　三坡向21个典型微地形土壤含水量

方差分析表明，秋季三个坡向两两之间土壤含水量差异明显，阳坡、半阳坡、半阴坡土壤平均含水量分别为10.59%、11.80%、13.45%；7种微地形土壤含水量差异显著，根据含水量差异性可将7种微地形划分为4组，沟坡和切沟阳半阳坡面含水量差异不明显且含水量最低，分别为10.32%、10.48%。浅沟含水量12.00%，坡面含水量12.36%，小切沟、大切沟阴半阴坡和沟底含水量分别为12.66%、12.78%和12.99%。坡向和微地形交互作用形成的不同坡向不同微地形间土壤含水量差异显著。

表 7-16　秋季微地形土壤含水量方差分析

Tab. 7-16　Tests of Between-Subjects Effects of microrelief SWC in Autumn

偏差来源	偏差平方和	自由度	均方	F 值	显著值
校正模型	2012.674	20	100.634	150.253	0.000
截距	89987.376	1	89987.376	134357.274	0.000
坡向	871.750	2	435.875	650.791	0.000
微地形	665.413	6	110.902	165.585	0.000
坡向和微地形交互效应	480.764	12	40.064	59.818	0.000
误差	408.555	610	0.670		
总变异	92465.467	631			
校正总变异	2421.229	630			

表 7-17　秋季三个坡向土壤含水量子集一致性检验

Tab. 7-17　Subset consistency test of SWC of microreliefs on 3 slopes in Autumn

坡向	样本（N）	各子集土壤含水量（%）		
		1	2	3
阳坡	210	10.59		
半阳坡	210		11.80	
半阴坡	210			13.45
显著值（相似概率）		1.000	1.000	1.000

表 7-18　秋季微地形土壤含水量一致性检验

Tab. 7-18　Subset consistency test of SWC of microreliefs in Autumn

微地形（编码）	样本量（N）	各子集土壤含水量（%）				
		1	2	3	4	5
沟坡	90	10.32				
切沟阳或半阳坡	90	10.48				
浅沟	89		12.00			
陡坡面	88			12.36		
小切沟	92				12.66	
切沟阴或半阴坡	91				12.78	12.78
切沟沟底	91					12.99
显著值（相似概率）		0.191	1.000	1.000	0.319	0.082

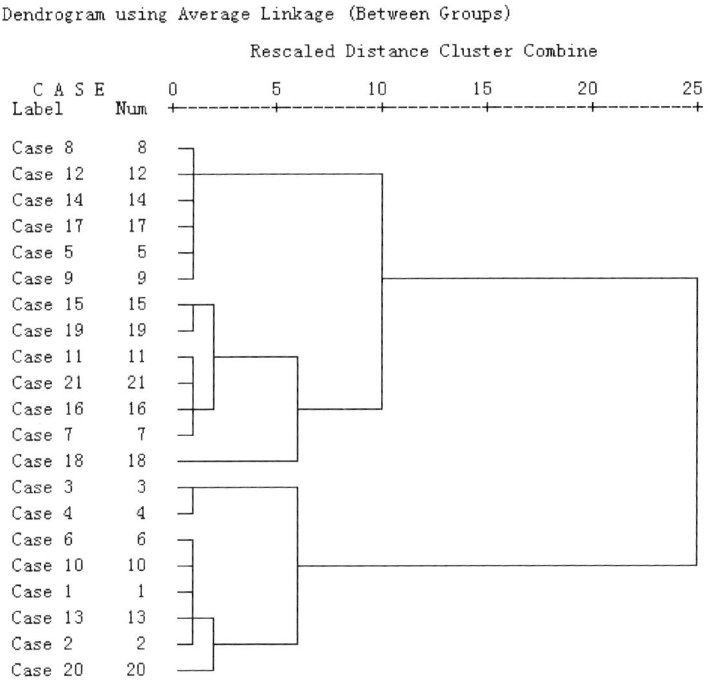

Dendrogram using Average Linkage (Between Groups)

Rescaled Distance Cluster Combine

```
C A S E        0         5        10        15        20        25
Label    Num  +---------+---------+---------+---------+---------+

Case 8     8
Case 12   12
Case 14   14
Case 17   17
Case 5     5
Case 9     9
Case 15   15
Case 19   19
Case 11   11
Case 21   21
Case 16   16
Case 7     7
Case 18   18
Case 3     3
Case 4     4
Case 6     6
Case 10   10
Case 1     1
Case 13   13
Case 2     2
Case 20   20
```

图 7-8　秋季微地形土壤含水量聚类

Fig. 7-8　Clustering tree of microreliefs by SWC in Autumn

根据聚类分析树状图和聚类结果表，21 个微地形被划分为 2、3、5 类时，类间距离较大，但被分为 5 类时，第四和第五类分别只有 1 个和 2 个微地形，划分太细，为了指导造林工作的需要，把 21 个微地形划分为 3 大类比较科学实用。

第一类土壤水分较低型，包括 3 阳向急陡沟坡（8.72%）、4 阳向小切沟（9.09%）、6 阳向大切沟半阳坡（10.29%）、13 半阳向大切沟阳坡（10.13%）、10 半阳向沟坡（10.25%）、1 阳向坡面（10.33%）、2 阳向浅沟（10.52%）、20 半阴向大切沟阳坡（11.02%），这种类型雨季之后 0~60cm 土壤含水量小于 11.02%，这类型最大含水量与第二类型最低含水量内插后，可以认为此类微地形含水量小于 11.50%。主要是因为坡面朝阳、坡度较陡，土壤蒸发量大。

第二类土壤水分适中型，包括 5 阳向大切沟半阴坡（11.77%）、9 半阳向浅沟（11.85%）、14 半阳向大切沟沟底（11.94%）、17 半阴向沟坡（11.99%）、8 半阳向坡面（12.35%）、12 半阳向大切沟阴坡（12.37%）；雨季之后 0~60cm 土壤含水量在 11.50% ~ 13.00% 之间。

第三类土壤水分较高型，包括 7 阳向大切沟沟底（13.36%）、16 半阴向陡坡浅沟（13.58%）、21 半阴向大切沟沟底（13.66%）、11 半阳向小切沟（13.72%）、19 半阴向大切沟阴坡（14.24%）、15 半阴向陡坡坡面（14.27%）、18 半阴向陡坡小切沟（15.40%），雨季之后 0~60cm 土层含水量大于 13.0%。受坡向、径流和小切沟较少太阳直接照射并形成弱风环境的影响，降水入渗量较大，土壤蒸发较少，含水量较大。半阳向大切沟沟底土壤含水量11.94%小于阳向大切沟沟底含水量13.36%，这是由于半阳向大切沟沟底呈现"U"型，沟底比较平滑起伏度小，而阳向大切沟沟底横断面"V"型、纵断面"梯"形，沟大而深，发育比较完善，阳向大切沟沟底水分渗透多、蒸发少，再加上地上植被生长的综合影响，导致这种测定结果。

表7-19 秋季微地形土壤含水量聚类结果

Tab. 7-19 Clustering result of microrelief according to SWC

土壤水分较低型		土壤水分适中型		土壤水分较高型	
微地形	含水量（%）	微地形	含水量（%）	微地形	含水量（%）
阳向急陡沟坡	8.72	阳大切沟极陡半阴坡	11.77	阳向大切沟沟底	13.36
阳向陡坡小切沟	9.09	半阳向陡坡浅沟	11.85	半阴向陡坡浅沟	13.58
半阳大切沟极陡阳坡	10.13	半阳大切沟沟底	11.94	半阳向大切沟沟底	13.66
半阳向急陡沟坡	10.25	半阴向急陡沟坡	11.99	半阳向陡坡小切沟	13.72
阳大切沟极陡半阴坡	10.29	半阳向陡坡坡面	12.35	半阴大切沟极陡阴坡	14.24
阳向陡坡坡面	10.33	半阳大切沟极陡阴坡	12.37	半阴向陡坡坡面	14.27
阳向陡坡浅沟	10.52			半阴向陡坡小切沟	15.40
半阴大切沟极陡阳坡	11.02				

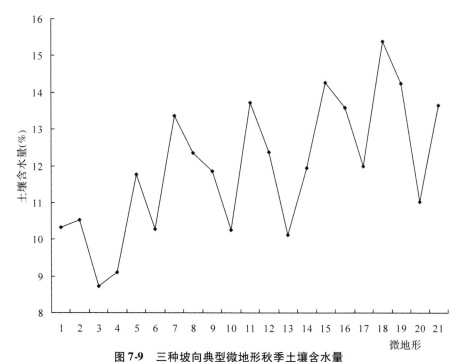

图7-9 三种坡向典型微地形秋季土壤含水量

Fig. 7-9 SWC of microreliefs on 3 slopes in Autumn

7.2.2　降雨对微地形土壤水分的补给

　　不同坡向、不同微地形或微地形类别，雨季过后土壤含水量得到明显增加，但增加量和相对值差异较大。三个坡向相比较，阳坡、半阳坡和半阴坡土层含水量平均增加 3.99%，分别增加 4.73%、4.12% 和 3.11%，相对增加 81.98%、57.72% 和 33.34%，这主要是阳坡一方面春季土壤含水量最低，表层土壤很快吸纳更多的降水，另一方面光照强烈、日照时间长，秋冬季节土壤蒸发多之故，半阴坡正好相反，所以，土层相对水分增加量较少。

　　三个坡向微地形相比较，土壤含水量绝对值增加排序：陡坡小切沟 4.57% > 大切沟极陡半阳坡 4.47% > 陡坡坡面 4.24% > 陡坡面浅沟 3.84% > 大切沟沟底 3.66% > 急陡沟坡3.62% > 大切沟极陡半阴坡 3.51%；相对增加从大到小排序为：大切沟极陡阳/半阳坡74.91% > 陡坡小切沟 63.60% > 陡坡坡面 61.49% > 急陡沟坡 59.68% > 陡坡面浅沟53.37% > 大切沟极陡阴/半阴坡 46.15% > 大切沟沟底 44.55%。

　　同一坡向微地形相比较，阳坡大切沟极陡半阴坡 5.63% > 阳坡大切沟沟底 5.34% > 阳坡陡坡坡面 4.95% > 阳坡陡坡面浅沟 4.74% > 阳坡陡坡小切沟 4.47% > 阳坡大切沟极陡半阳坡 4.3% > 阳坡急陡沟坡 3.68%；半阳向陡坡面 5.02% > 半阳向大切沟阳坡 4.69% > 半阳向急陡沟坡 4.43% > 半阳向大切沟沟底 4.3% > 半阳向陡坡浅沟 4.17% > 半阳向小切沟

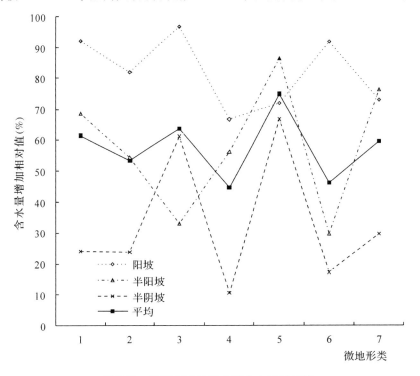

图 7-10　降季后微地形土壤含水量增加值

Fig. 7-10　Relative incremental percentage of microrelief SWC after rainy season

1. 陡坡面；2. 浅沟；3. 小切沟；4. 大切沟沟底；5. 大切沟阳/半阳坡；6. 大切沟阴/半阴坡；7. 急陡沟坡

3.4% >半阳向大切沟极陡阴坡 2.83%；半阴向陡坡小切沟 5.84% >半阴向大切沟极陡阳坡 4.41% >半阴向陡坡坡面 2.76%、半阴向急陡沟坡 2.76% >半阴向陡坡浅沟 2.61% >半阴向大切沟阴坡 2.08% >半阴向大切沟沟底 1.33%。

　　21 种微地形相比较，春秋季土壤含水量从小到大排序基本一致，80.95% 种微地形春秋季含水量排序相差 0~2 个序号，9.52% 种微地形春秋季含水量排序相差 3 个序号，半阴向大切沟沟底相差 4 个序号，半阴向陡坡小切沟相差 5 个序号。

表 7-20　春秋季微地形的土壤含水量比较

Tab. 7-20　SWC and differentials of microreliefs in Spring and Autumn

微地形	春季		秋季		含水量增加比例		
	含水量（%）	排序	含水量（%）	排序	绝对含水量（%）	相对含水量（%）	排序
阳向陡坡小切沟	4.62	1	9.09	2	4.47	96.75	1
阳向急陡沟坡	5.04	2	8.72	1	3.68	73.02	7
阳向陡坡坡面	5.38	3	10.33	6	4.95	92.01	2
半阳向大切沟阳坡	5.44	4	10.13	3	4.69	86.21	4
阳向陡坡面浅沟	5.78	5	10.52	7	4.74	82.01	5
半阳向急陡沟坡	5.82	6	10.25	4	4.43	76.12	6
阳向大切沟极陡半阳坡	5.99	7	10.29	5	4.30	71.79	8
阳向大切沟极陡半阴坡	6.14	8	11.77	9	5.63	91.69	3
半阴向大切沟极陡阳坡	6.61	9	11.02	8	4.41	66.72	10
半阴向陡坡面	7.33	10	12.35	13	5.02	68.49	9
半阳向大切沟沟底	7.64	11	11.94	11	4.30	56.28	13
半阳向陡坡浅沟	7.68	12	11.85	10	4.17	54.30	14
阳向大切沟沟底	8.02	13	13.36	15	5.34	66.58	11
半阴向急陡沟坡	9.23	14	11.99	12	2.76	29.90	16
半阳向大切沟极陡阴坡	9.54	15	12.37	14	2.83	29.66	17
半阴向陡坡小切沟	9.56	16	15.40	21	5.84	61.09	12
半阳向小切沟	10.32	17	13.72	18	3.40	32.95	15
半阳向陡坡浅沟	10.97	18	13.58	16	2.61	23.79	19
半阴向陡坡坡面	11.51	19	14.27	20	2.76	23.98	18
半阴向大切沟阴坡	12.16	20	14.24	19	2.08	17.11	20
半阴向大切沟沟底	12.33	21	13.66	17	1.33	10.79	21

7.2.3　小　结

　　综上所述，雨季能显著增加土壤水分，其基本变化规律如下：

　　(1) 雨季能显著增加土壤水分，阳坡、半阳坡和半阴坡 21 个微地形平均增加土层含水量 3.99%。

　　(2) 土层含水量增加量以阳坡 >半阳坡 >半阴坡；分别增加 4.73%、4.12% 和 3.11%，相对增加 81.98%、57.72% 和 33.34%。

　　(3) 微地形类型间，土壤含水量增加以陡坡小切沟 4.57% >大切沟极陡阳/半阳坡 4.47% >陡坡坡面 4.24% >陡坡面浅沟 3.84% >大切沟沟底 3.66% >急陡沟坡 3.62% >大切沟极陡阴/半阴坡 3.51% 。

(4)不同坡向微地形间土壤含水量增加变异规律不同。

7.3 天然草地土壤含水量

表 7-21 半阳向陡坡草地植被概况及其土壤含水量
Tab. 7-21 Vegetation and SWC of abrup natural meadow on semi-sunny slopes
in Wuqi county, Shaanxi

观测点坡向和坡度	主要植物种	盖度（%）	高度（cm）	生物量（g/m²）	含水量% 7月	含水量% 10月
02(1)WN5°，27°	针茅、茭蒿、胡枝子	55	28	71.11	4.29	11.72
02(2)WN5°，32°	茭蒿、针茅	65	35	86.55	4.69	12.62
12(3)W，35°	茭蒿、铁杆蒿	60	30	176.52	4.33	12.32
15(1)W，35°	茭蒿、铁杆蒿	60	28	175.43	3.46	12.98
17(3)WS20°，30°	针茅、铁杆蒿	55	30	179.16	4.10	11.51
18(4)WS20°，33°	针茅、茭蒿、铁杆蒿	55	30	160.38	3.61	11.43
20(6)WS10°，29°	针茅、茭蒿、铁杆蒿	60	35	192.03	3.61	11.68
33(1)W，28°	针茅、地椒、茭蒿	60	25	146.38	2.85	11.05
34(1)W，28°	针茅、茭蒿	75	45	176.28	3.21	11.92
平均	针茅、茭蒿、铁杆蒿	60.56	31.78	151.54	3.79	11.91

退耕封育 10 年后，半阳坡植物以茭蒿、针茅和铁杆蒿为主，陡坡植被平均盖度 60.56%、平均高度 31.78cm、平均生物量 151.54g/m²，7月上旬和10月下旬0~60 cm 土壤含水量分别为 3.79% 和 11.91%。然而，由于主要建群植物种类和组成不同，草被的盖度、高度和地上生物量的差异，导致土壤含水量不同。所以，草被结构和组成直接影响土壤含水量的不同。

7.4 蒸发对土壤含水量的影响

从雨后和早春微地形土壤含水量的变化来看，不同微地形组土壤含水量均有减少，其中以切沟阳半阳坡面土壤含水量减少最多，切沟底和切沟阴半阴坡坡面土壤含水量损失最少；这些土壤水分主要消耗于土壤蒸发，即土壤蒸发作用直接影响土壤含水量的变化。

三个坡向相比较，阳坡、半阳坡和半阴坡各种微地形土壤含水量春季比秋季分别少 44.85% 、35.58% 和 23.41%，各微地形间的变异系数 0.0800、0.2507 和 0.4886。即阳坡各种微地形土壤水分蒸发最多，其次是半阳坡和半阴坡，阳坡土壤水分蒸发快且不同微地形间差异小，半阳坡和半阴坡土壤水分无效蒸发少，但是，不同微地形之间蒸发量差异很大。因为阳坡切沟的两个坡面分别是半阳坡和半阴坡，日照时间和强度差异不大，而半阳坡和半阴坡切沟的两个坡面分别是阳向、阴向，坡面日照时间和强度差异很明显，大小切沟底受壁面或坡面遮荫和早春植物生长消耗，所以坡面内微地形间水分消耗量差异大。

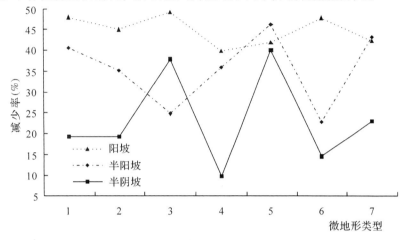

图 7-11 春季较秋季微地形土壤含水量减少率

Fig. 7-11 Decrement rate of microrelief groups SWC from Autumn to Spring

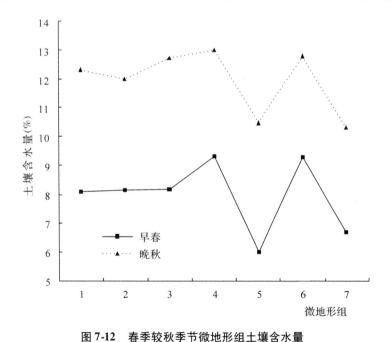

图 7-12 春季较秋季节微地形组土壤含水量

Fig. 7-12 SWC of microrelief groups in early Spring and Autumn

7 种典型微地形相比较，切沟阳坡半阳坡土壤水分减少率最大，而切沟底和切沟阴半阴坡土壤水分减少率最小，坡面、浅沟、小切沟和沟坡土壤水分减少率虽有差异但差异不大。无论春季和秋季，微地形间土壤含水量变化规律一致，峁坡上陡坡坡面与浅沟、小切沟之间土壤含水量差异小，沟坡坡面与大切沟底、切沟坡面间土壤含水量差异很大。具体表现为切沟底和切沟阴半阴坡含水量最大，春季平均达到 9.33%、9.28%，秋季 12.99%、12.79%；沟坡和切沟阳半阳坡含水量最小，春季分别为 6.70%6.01%，秋季 10.32%、10.48%，陡峁坡、浅沟、小切沟含水量春季分别为 8.07%、8.14% 和 8.17%，秋季 12.32%、11.98% 和 12.74%。

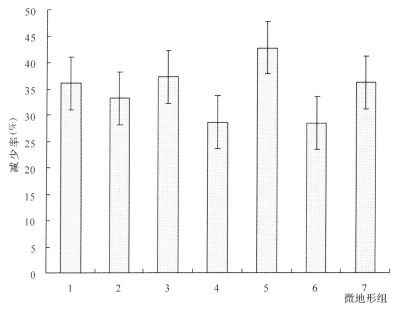

图 7-13　秋季到早春微地形组土壤水分量减少率

Fig. 7-13　SWC decrement rate of microrelief groups from Autumn to early Spring

1~7 分别代表坡面、浅沟、小切沟、切沟底、切沟阳半阳坡、切沟阴半阴坡、沟坡

7.5　小　结

(1)雨季能显著增加土壤水分，阳坡、半阳坡和半阴坡微地形 0~60cm 土层平均增加含水量 3.99%；增加量以阳坡 4.73% >半阳坡 4.12% >半阴坡 3.11%；微地形类型土壤含水量增加以陡坡小切沟 4.57% >大切沟极陡阳/半阳坡 4.47% >陡坡坡面 4.24% >陡坡面浅沟 3.84% >大切沟沟底 3.66% >急陡沟坡 3.62% >大切沟极陡阴/半阴坡 3.51%。

(2)微地形的形状不同，影响降雨再分配，对降雨入渗深度具有显著影响，坡面与小切沟、浅沟与小切沟之间降雨入渗深度差异显著，而坡面与浅沟降雨入渗深度差异不显著。入渗深度排序为小切沟(8.11cm) >浅沟(6.13cm) >坡面(6.01cm)；草丛不均匀分布也影响水分入渗，其中草丛中与草丛间地对降雨入渗深度具有极显著影响，草丛间地入渗深度

(7.75cm)较草丛中入渗深度(5.75cm)深(1.99cm)。

　　(3)植被蒸腾和土壤蒸发是土壤水分消耗大户，不同的植被类型(林分或草地)、不同的植被林龄、密度、盖度等对土壤蒸散消耗差异很大。黄土丘陵沟壑区封育草地土壤含水量主要来源于大气降水，主要消耗于土壤蒸发和植被蒸腾，土壤含水量是气候因素、地形因素、植被因素、土壤因素等综合作用的结果。

第8章 微地形的分类体系

8.1 典型微地形的分类体系

根据微地形坡向(方位角)、坡度、植被生长状况(高度、盖度、生物量)和土壤含水量(7月上旬、10月下旬),以相对距离大于 5 为统一标准,阳坡聚为 4 类:坡面(1)、坡面上浅沟(2)和坡面上的小切沟(4)一类,沟坡(3)和大切沟半阳坡(6)一类,大切沟半阴坡(5)一类,大切沟底(7)一类。相似的微地形具有相似的植被配置结构,可以归为一个经营组。然后,在峁陡坡和沟坡两个立地类型构架下,确定微地形为 4 个类型组(表8-1)。

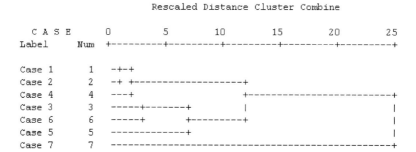

图8-1 阳坡微地形聚类树状图

Fig. 8-1 The clustering tree diagram of microrelief on sunny slope

1. 坡面;2. 浅沟;3. 沟坡;4. 小切沟;5. 大切沟(半)阴坡面;6. 大切沟(半)阳坡面;7. 切沟底

```
                    Rescaled Distance Cluster Combine

        C A S E     0         5        10        15        20        25
        Label    Num  +---------+---------+---------+---------+---------+

        Case 1     1   -+-----------+
        Case 2     2   -+           +-----+
        Case 4     4   -----------+       +------+
        Case 5     5   -----------------+        +-------------------+
        Case 7     7   ------------------------+                     |
        Case 3     3   ------+------------------------------------+  |
        Case 6     6   ------+
```

图8-2 半阳坡微地形聚类树

Fig. 8-2 The clustering tree diagram of microrelief on semi-sunny slope

半阳坡5类：陡坡面(1)和坡面上浅沟(2)一类，沟坡(3)和大切沟阳坡(6)一类，半阳坡上的小切沟(4)一类，沟底(7)一类，大切沟阴坡(5)一类。结合两个立地条件类型，半阳坡微地形分为5个类型组。

半阴坡四类：陡坡面(1)、坡面上浅沟(2)、坡上的小切沟(4)、大切沟阴坡(5)一类，沟坡(3)一类，大切沟阳坡(6)一类，沟底(7)一类。结合两个立地类型，半阴坡微地形分为5类型组(见表8-1)。

```
                Rescaled Distance Cluster Combine

     C A S E       0        5       10       15       20       25
    Label    Num   +--------+--------+--------+--------+--------+

    Case 1    1    -+-+
    Case 2    2    -+ +-+
    Case 5    5    ---+ +------------------+
    Case 4    4    -----+                  +--------------------+
    Case 7    7    -----------------------+                     |
    Case 3    3    -----------------------------+---------------+
    Case 6    6    ----------------------------+
```

图8-3　半阴坡微地形聚类树

Fig. 8-3　The clustering tree diagram of microrelief on semi-shady slope

表8-1　典型坡面微地形分类体系

Tab. 8-1　Microrelief classification system of sunny，semi-sunny and semi-sunny slope

坡向	立地类型	微地形类型组	微地形类型
阳坡	阳向陡崤坡	崤坡	阳向陡坡坡面
			阳向陡坡浅沟
			阳向陡坡小切沟
	阳向极陡沟坡	沟坡和切沟半阳坡	阳向极陡沟坡
			阳向大切沟半阳坡
		切沟半阴坡	阳向大切沟半阴坡
		沟底	阳向大切沟沟底
半阳坡	半阳向陡崤坡	坡面和浅沟	半阳向陡坡坡面
			半阳向陡坡浅沟
		小切沟	半阳向陡坡小切沟
	半阳向极陡沟坡	沟坡和切沟阳坡	半阳向极陡沟坡
			半阳向大切沟阳坡
		切沟阴坡	半阳向大切沟阴坡
		切沟底	半阳向大切沟沟底
半阴坡	半阴向陡崤坡	崤坡	半阴向陡坡坡面
			半阴向陡坡浅沟
			半阴向陡坡小切沟
	半阴向极陡沟坡	沟坡	半阴向极陡沟坡
		切沟阴坡	半阴向大切沟阴坡
		切沟阳坡	半阴向大切沟阳坡
		切沟沟底	半阴向大切沟沟底

分类结果表明，21个微地形被分为三级：一级立地类型、二级微地形类型组、三级微地形类型。即6个立地类型，14个微地形类型组，其中阳坡4个微地形类型组；半阳坡5个微地形类型组；半阴坡5个微地形类型组。

8.2 微地形分类体系

8.2.1 半阳坡典型坡面微地形分类

8.2.1.1 "19-20-21"坡面微地形分类

表 8-2 "19-20-21"半阳坡观测量凝聚过程

Tab. 8-2 Agglomeration Schedule of observation points on"19-20-21"semi-sunny slope

聚序	观测量合并类1	观测量合并类2	距离测度值（不相似系数）
1	3	5	0.000
2	7	8	0.006
3	3	9	0.062
4	3	6	0.090
5	7	10	0.141
6	12	14	0.240
7	1	2	0.264
8	3	4	0.270
9	3	13	0.314
10	3	7	0.392
11	3	12	0.535
12	1	3	0.579
13	1	11	0.767

表 8-3 "19-20-21"半阳坡微地形聚类及其不相似系数

Tab. 8-3 Cluster Membership and dissimilarity coefficients of observation points on"19-20-21"semi-sunny slope

分类	观测量标识	不相似性系数及依据			
		0.767,坡向	0.579,坡度和坡类	0.535,坡类	0.392,微地形
2	11	阳坡			
	1~10、12~14	半阳坡			
3	11		阳坡		
	1、2		峁顶平缓坡		
	3~10、12~14		峁陡坡、沟陡坡/急陡坡		
4	11			阳坡	
	1、2			峁顶平缓坡	
	12、14			急陡沟坡、极陡切沟坡	
	3~10、13			峁坡（包括切沟底）	
5	11				阳坡
	1、2				峁顶平缓坡
	12、14				急陡沟坡、极陡切沟坡
	7、8、10				坡面切沟、小切沟、浅沟
	3~6、9、13				峁坡面、切沟底

　　利用坡面 5 月、7 月、10 月土壤含水量,秋季植被盖度、高度和地上生物量及其观测量的方位角和坡度聚类,当观测量被分为 2 类时,观测量 11 与其他观测量组成的类 1 之间距离值(不相似性系数)最大 0.767,属于阳向切沟极陡坡面的观测量 11 从半阳向峁坡沟坡中被区分出来,即坡向不同,坡面水分和植被条件差异特别明显;当观测量被分为 3 和 4 类时,距离测度值分别是 0.579、0.535,半阳坡被划分为峁顶平缓坡、陡极陡峁坡和急陡沟坡,即划分依据主要是坡度和坡类;当观测量被分为 5 和 6 类时,从峁坡或沟坡中区分出坡面、浅沟、小切沟和大切沟等微地形,即依据微地形条件具体划分微地形类型。所以,微地形类型划分体系的建立,应在立地条件类型的基础上,再进一步区分微地形类型,才能更加体现微地形研究的科学性和实用性。

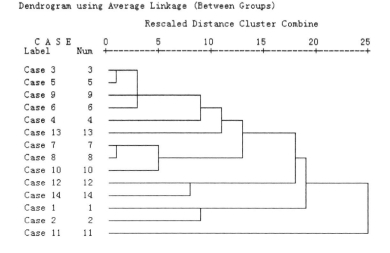

图 8-4　"19-20-21"半阳坡观测量(综合因素)聚类

Fig. 8-4　**Clustering tree of observation points on"19-20-21"semi-sunny slope by SWC, vegetation andmicrorelief shape feature**

　　根据观测量的土壤含水量、植被和坡向坡度信息聚类,观测量分为 2~6 类时,类间距离较大,类间土壤水分和植被条件差异性明显。不破坏现有植被的条件下,可以作为 6 类植被经营的类型来看待。

　　"19-20-21"半阳坡微地形聚类得到 6 类相似微地形组:第 1 类半阳向峁顶平缓坡(1)和坡基平台(2),第 2 半阳向峁坡上部极陡坡(3)、半阳向峁坡上部极陡坡小切沟(4)、半阳向峁坡中部极陡坡(5)、半阳向峁坡中部极陡坡浅沟(6)、半阳向峁坡下部陡坡(9)类;第 3 类半阳向峁坡中极陡坡切沟底(7)、小切沟(8)和下部浅沟(10),第 4 类半阳向沟坡切沟阳向急陡坡(11),第 5 半类阳向沟坡切沟阴向急陡坡(12)和半阳向急陡沟坡(14),第 6 类半阳向沟坡切沟底(13)。结合立地条件类型,形成坡面微地形分类。

表 8-4 "19-20-21"半阳坡微地形分类

Tab. 8-4 Microrelief classification result on "19-20-21" semi-sunny slope

立地 类型	微地形 类型	观测量	
		标识	特征
半阳峁顶 平缓坡	峁顶平缓坡及坡基平台	1	19(1)半阳峁顶平缓坡(WS10，16°)
		2	19(2)半阳峁顶平缓坡基部平台(WS10°)
半阳陡坡	陡坡及浅沟	9	20(7)半阳坡下部陡坡(WS10，29°)
		10	20(8)半阳坡下部陡坡浅沟(WS10，29°)
	陡坡切沟、小切沟	7	20(5)半阳坡中部陡坡切沟底（WS10，36°)
		8	20(6)半阳坡中部陡坡小切沟(WS10，36°)
	极陡坡及浅沟	4	20(2)半阳向峁坡上部极陡坡小切沟(WS10，36°)
		5	20(3)半阳峁坡中部极陡坡(WS10，36°)
		6	20(4)半阳峁坡中部极陡坡浅沟(WS10，36°)
		3	20(1)半阳峁坡上部极陡坡(WS10，36°)
半阳急陡 沟坡	切沟阳向极陡坡	11	21(1)半阳沟坡切沟急陡阳坡(SE10，38°)
	切沟阴向极陡坡	12	21(2)半阳沟坡切沟急陡阴坡(NW10，40°)
	切沟底	13	21(3)半阳向沟坡切沟底(W，40°)
	急/极陡沟坡	14	21(4)半阳急/极陡沟坡(W，45°)

8.2.1.2 "1-2-3"坡面微地形分类

从 5 月、7 月、9 月、10 月土壤含水量，植被盖度、高度、生物量和坡向坡度信息综合聚类分析可见，不相似性系数大于 0.500 时，观测量之间的差异主要是通过坡类、坡向和坡度来划分的，不相似系数≤0.500，观测量/类间差异表现在微地形条件。

表 8-5 "1-2-3"半阳坡观测量凝聚过程

Tab. 8-5 Agglomeration Schedule of observation points on"1-2-3"semi-sunny slope

步骤	观测量合并		距离测度值 （不相似系数）	步骤	观测量合并		距离测度值 （不相似系数）
	类1	类2			类1	类2	
1	2	3	0.000	6	2	6	0.235
2	2	4	0.053	7	2	5	0.286
3	6	8	0.075	8	2	9	0.506
4	2	10	0.082	9	1	2	0.635
5	2	7	0.111				

表 8-6 "1-2-3"半阳坡微地形聚类及不相似系数

Tab. 8-6 Cluster Membership and dissimilarity coefficients of observation points on"1-2-3"semi-sunny slope

分类	观测量标识	不相似性系数及依据			
		0.635,坡向、坡度	0.506,坡类	0.286,微地形	0.235,微地形
2	1	梁顶			
	2~10	半阳峁坡和沟坡			

（续）

分类	观测量标识	不相似性系数及依据			
		0.635,坡向、坡度	0.506,坡类	0.286,微地形	0.235,微地形
3	1	梁顶			
	9	沟坡切沟阳坡			
	2~8、10	半阳峁坡面等			
4	1		梁顶		
	9		沟坡切沟阳坡		
	5		半阳陡坡小切沟		
	2~4、6~8、10		其它微地形		
5	1				梁顶
	9				沟坡切沟阳坡
	5				半阳陡坡小切沟
	6、8、				沟坡大、小切沟
	2~4、7、10				其它微地形

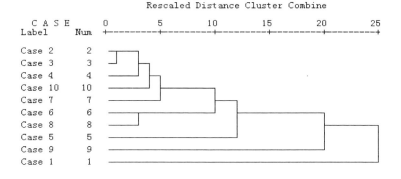

图 8-5　"1-2-3"半阳坡观测量(综合因素)聚类树形图

ig. 8-5　Clustering tree of observation points on"1-2-3"semi-sunny slope by SWC, vegetation and microrelief shape feature

　　根据两个聚类树状图可见,"1-2-3"半阳坡观测量被分为 2~5 类时,类间距离较大,类间差异显著。第一组梁顶平缓坡(1),第二组包括半阳向峁坡上部陡坡(2)、半阳向峁坡中部陡坡(3)、半阳向峁坡中部陡坡浅沟(4)、半阳向极陡沟坡(7)和半阳向切沟急陡阴坡(7)、第三组半阳向峁坡中下部陡坡(3),第四组有半阳向沟坡上部小切沟(6)和半阳向极陡沟坡切沟底(8),第五组半阳向切沟急陡阳坡(9)。

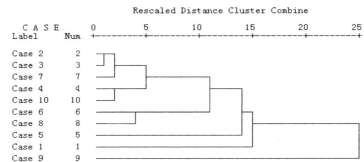

图 8-6 "1-2-3"坡面微地形(土壤含水量、植被)聚类树形图

ig. 8-6   Clustering tree of observation points on"1-2-3"semi-sunny slope by SWC and vegetation

表 8-7   "1-2-3" 半阳坡微地形分类

Tab. 8-7   Microrelief classification result on"1-2-3"semi-sunny slope

立地类型	微地形类型	观测量	
		标识	特征
梁峁顶平缓坡	梁峁顶平缓坡	1	1 梁顶平缓坡(WN5°，7°)
半阳向陡坡	半阳向陡坡及浅沟	2	2(1)半阳峁坡上部陡坡(WN5°，27°)
		3	2(2)半阳峁坡中部陡坡(32°，WN5°)°
		4	2(3)半阳峁坡中部陡坡浅沟(WN5°32°)
	半阳陡坡小切沟	5	2(4)半阳峁坡中下部陡坡(WN5°，32°)
半阳向极陡沟坡	半阳向急陡沟坡大小切沟	6	3(1)半阳沟坡上部小切沟(WN10°，45°)
		8	3(3)半阳极陡沟坡切沟底(WN10°，45°)
	急/极陡沟坡	7	3(2)半阳极陡沟坡(WN10°，45°)
	大切沟急陡阳坡	9	3(4)半阳切沟急陡阳坡(SW10°，47°)
	大切沟急陡阴坡	10	3(5)半阳切沟急陡阴坡(NW20°，47°)

8. 2. 1. 3   "32-33-34"坡面微地形分类

从土壤含水量、植被生长状况及坡向坡度几个方面看，分别代表半阳陡坡面、浅沟及小切沟的观测量5、8和6、9及7、10十分相似，观测量之间距离比较小。以土壤含水量和植被生长状况为主，参考地形地貌条件制定植被经营方略，得到6类微地形经营组。微地形分为6个相似类型，在立地条件类型下构建的微地形分类。

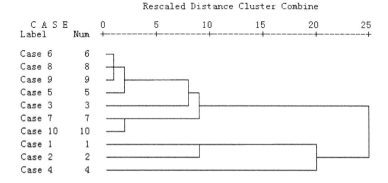

图 8-7 "32-33-34"半阳坡微地形(综合因素)聚类树形图

Fig. 8-7 Clustering tree of observation points on"32-33-34"semi-sunny slope by SWC,

vegetation and microrelie fshape feature

表 8-8 "32-33-34"坡面微地形分类

Tab. 8-8 Microrelief classification result on"32-33-34"semi-sunny slope

立地类型	微地形类型组	微地形类型	观测量
半阳向急陡沟坡	急陡沟坡	急陡沟坡	32(1)半阳向沟坡(W, 47°)
	切沟极陡半阴坡	切沟极陡半阴坡	32(2)半阳沟坡切沟极陡半阴坡(NW30, 40°)
	切沟底	切沟底	32(3)半阳向沟坡切沟底(W, 40°)
	切沟极陡阳坡	切沟极陡阳坡	32(4)半阳沟坡切沟极陡阳坡(S, 42°)
半阳向陡峁坡	陡峁坡	陡坡坡面及浅沟	33(1)半阳峁坡中上部陡坡(W, 28°)
			33(2)半阳峁坡中上部陡坡浅沟(W, 28°)
			34(1)半阳峁坡中上部陡坡(W, 28°)
			34(2)半阳峁坡中上部陡坡浅沟(WN15, 28°)
			33(3)半阳峁坡中上部陡坡小切沟(W, 28°)
	陡坡小切沟	陡坡小切沟	34(3)半阳峁坡中上陡坡小切沟(WN15, 28°)

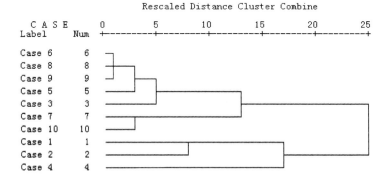

图 8-8 "32-33-34"半阳坡微地形(土壤含水量、植被)聚类树形图

Fig. 8-8 Clustering tree of observation points on"32-33-34"

semi-sunny slope by SWC and vegetation

8.2.1.4 "18'-18"坡面微地形分类

无论是根据 7 月和 10 月含水量，植被生长盖度、高度和生物量聚类，或再增加观测量的方位角和坡度信息综合聚类，当观测量被划分为 2~4 类时类间距离较大，类间差异比较明显。所以，把这些观测量分为 4 类相似的组。

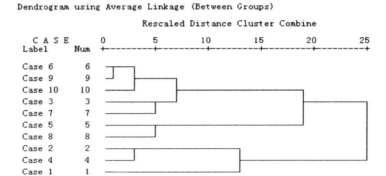

图 8-9 " 18'-18"半阳坡微地形(综合因素)聚类树形图

Fig. 8-9 Clustering tree of observation points on"18'-18"semi-sunny slope by SWC，vegetation andmicrorelif shape feature

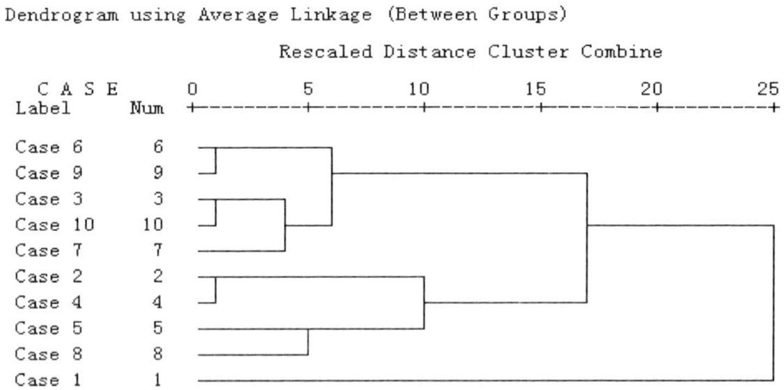

图 8-10 " 18'-18"半阳坡微地形(土壤含水量和植被)聚类树形图

Fig. 8-10 Clustering tree of observation points on"18'-18"semi-sunny slope by SWC and vegetation

表 8-9 "18'-18"半阳坡微地形分类

Tab. 8-9 Microrelief classification result on "18'-18" semi-sunny slope

立地类型	微地形类型组	微地形观测量
半阳峁坡	峁坡基部平缓坡	18（1）半阳峁坡基部平缓坡（WN20°，10°）
基部平缓坡	峁坡基部平缓坡浅沟	18（2）半阳峁坡基部平缓坡浅沟（WN20°，10°）

（续）

立地类型	微地形类型组	微地形观测量
半阳向 陡峁坡	峁坡下部平缓坡浅沟	18（2）半阳峁坡下部缓坡浅沟（WS2°0，22°）
	峁坡下部缓坡	18（1）半阳峁坡下部缓坡（WS20°，22°）
		18（3）半阳峁坡中部陡坡小切沟（WS20°，33°）
	（极）陡坡小切沟	18（6）半阳峁坡上部极陡坡小切沟（WS20°，37°）
		18（4）半阳峁坡中部陡坡（WS20°，33°）
		18（7）半阳峁坡上部极陡坡（WS2°0，37°）
	（极）陡坡坡面浅沟	18（8）半阳峁坡上部极陡坡浅沟（WS20°，37°）
		18（5）半阳峁坡中部陡坡浅沟（WS20°，33°）

8.2.1.5　"17"坡面微地形分类

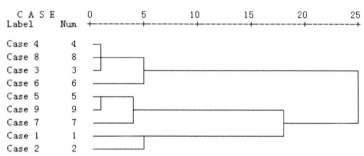

图 8-11　"17"半阳坡微地形（综合因素）聚类树形图

Fig. 8-11　Clustering tree of observation points on"17"semi-sunny slope by SWC, vegetation and microrelief shape feature

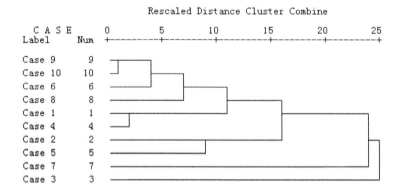

图 8-12　"17"半阳坡微地形（含水量和植被因素）聚类树形图

Fig. 8-12　Clustering tree of observation points on"17"semi-sunny slopeby SWC and vegetation

表8-10 "17"半阳坡微地形分类

Tab. 8-10 Microrelief classification result on "17" semi-sunny slope

立地条件	微地形组	观测量		
		标识	观测点
半阳峁基平缓坡	峁基平缓坡	1	17(1)半阳向峁坡基部平缓坡(WS20°，15°)
	峁基平缓坡浅沟	2	17(2)半阳峁坡基部平缓坡浅沟(WS20°，15°)
半阳向陡坡	陡坡及浅沟	3	17(3)半阳峁坡下部陡坡(WS20°，30°)
		4	17(4)半阳峁坡下部陡坡上浅沟(WS20°，30°)
		8	17(8)半阳峁坡上部陡坡(WS20°，26°)
	陡坡极陡坡切沟	5	17(5)半阳峁坡下部陡坡小切沟(WS20°，30°)
		7	17(7)半阳峁坡中部极陡小切沟(WS20°，37°)
		9	17(9)半阳峁坡上部陡坡小切沟(WS20°，26°)
	极陡坡	6	17(6)半阳峁坡中部极陡坡(WS20°，37°)

8.2.1.6 半阳坡微地形分类体系

5个坡面型归纳分析，构建半阳坡微地形体系。其中立地类型5个、微地形类型组11个、微地形类型20个。

表8-11 半阳坡微地分类体系

Tab. 8-11 Microrelief classification system of semi-sunny slope

立地类型	微地形类型组	微地形类型
I 梁峁顶平缓坡	1 梁峁顶平缓坡	(1)峁梁顶平缓坡及坡基平台
II 半阳向陡坡	2 陡坡	(2)陡坡及浅沟
		(3)陡坡小切沟
	3 极陡坡	(4)极陡坡切沟、小切沟
		(5)极陡坡及浅沟
	4 坡基缓坡	(6)峁坡基平缓坡及浅沟
		(7)峁坡基缓坡及浅沟
III 半阳向极陡坡	5 极陡坡	(8)极陡坡切沟、小切沟
		(9)极陡坡及浅沟
	6 陡坡	(10)陡坡及浅沟
		(11)陡坡小切沟
	7 坡基缓坡	(12)峁坡基平缓坡及浅沟
		(13)峁坡基缓坡及浅沟
IV 峁基缓坡	8 峁基平缓坡	(14)峁坡基平缓坡
		(15)峁坡基平缓坡浅沟
	9 峁基缓坡	(16)峁坡基缓坡及浅沟
V 半阳向急陡沟坡	10 大小切沟组	(17)急陡沟坡大小切沟
		(18)急/极陡沟坡
	11 沟坡	(19)大切沟极/急陡阳坡
		(20)大切沟极/急陡阴坡

8.2.2　半阴坡典型坡面微地形分类

8.2.2.1　"7-8-9"坡面微地形分类

根据"7-8-9"典型半阴坡不同月份(5 月、7 月、9 月和 10 月)土壤水分、植被生长状况和坡向、坡度因素综合聚类,梁顶与峁沟坡首先被划分出来,类间不相似系数 0.636,即主要依据是坡类划分,其次是沟坡的大切沟底等微地形特征,可见,微地形条件类型划分应在立地分类的基础上进行,不仅科学而且便于实践操作。

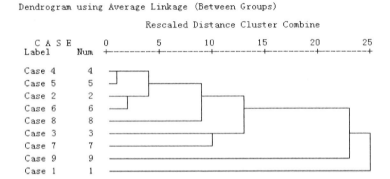

图 8-13　"7-8-9"半阴坡微地形(综合因素)聚类树形图

Fig. 8-13　Clustering tree of observation points on"7-8-9"semi-shady slope by SWC , vegetation andmicrorelief shape feature

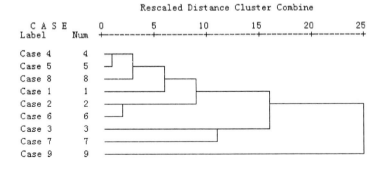

图 8-14　"7-8-9"半阴坡微地形(含水量和植被)聚类树形图

Fig. 8-14　Clustering tree of observation points on"7-8-9"semi-shady slope by SWC , and vegetation

表 8-12 "7-8-9"半阴坡微地形聚凝过程

Tab. 8-12 Cluster Membership and dissimilarity coefficients of observation points on "7-8-9"semi-shady slope

分类	观测量	不相似性系数及依据			
		0.636，坡类	0.572，坡类、微地形	0.314，微地形	0.248，微地形
2	1	梁顶			
	2~9	峁坡和沟坡			
3	1		梁顶		
	9		沟坡大切沟底		
	2~8		峁坡和其他沟坡微地形		
4	1			梁顶	
	9			沟坡大切沟底	
	3、7			峁坡小切沟、沟坡坡面	
	2、4~6、8			峁坡陡坡和极陡坡、沟坡底平缓坡	
5	1				梁顶
	9				沟坡大切沟底
	3、				峁坡小切沟
	7				沟坡坡面
	2、4~6、8				峁坡陡坡和极陡坡、沟坡底平缓坡

表 8-13 "7-8-9"半阴坡微地形分类

Tab. 8-13 Microrelief classification result of observation points on"7-8-9"semi-shady slope

立地类型	微地形类型	微地形观测量	
		标识	微地形特征
梁顶平缓坡	1 梁顶平缓坡	1	09 梁顶(ES15°，5°)
半阴向陡峁坡	2 陡坡及其浅沟	2	08(1)半阴峁坡下部陡坡浅沟(ES15°，32°)
		4	08(3)半阴峁坡下部陡坡(ES15°，32°)
		5	08(4)半阴峁坡上部陡坡(ES15°，28°)
	3 半阴陡坡小切沟	6	08(5)半向峁坡下部陡坡(ES15°，25°)
		3	08(2)半阴峁坡下部陡坡小切沟(ES15°，32°)
半阴向急陡沟坡	4 急陡沟坡	7	07(1)半阴急陡沟坡(ES15°，46°)
	5 沟坡基平缓坡	8	07(2)半阴沟底平缓坡(ES15°，10°)
	6 沟坡切沟底	9	07(3)半阴沟坡大切沟底(ES15°，46°)

8.2.2.2 "27-28"坡面微地形分类

根据 7 月和 10 月土壤含水量、植被生长及坡向坡度综合因素聚类，沟坡(11)、大切沟的阳向(14)和阴向坡面(13)被分为一类，与其他类间不相似系数 0.444、其次沟坡的大切沟底(12)从其他类中被划分出来，类间不相似系数 0.229，即把沟坡与峁坡划分出来了，正好是两种立地条件类型，第三次切沟阳向坡面(14)划分出来、第四次把坡面小切沟(5、8)从坡面中划分出来，类间不相似系数分别为 0.139 和 0.136；以后都是根据微地形特征来区分。

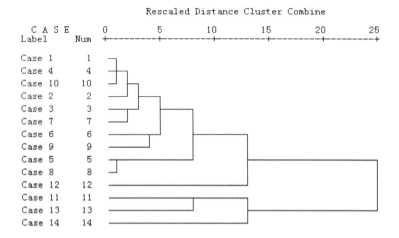

图 8-15 "27-28"半阴坡微地形组(综合因素)聚类树形图

Fig. 8-15 Clustering tree of observation points on"27-28"semi-shady slope by SWC , vegetation and microrelief shape feature

　　根据观测量 1~14 的土壤含水量和植被生长量，观测量被分为 2~6 类时，类间距离比较大，6 类分别是观测量 1、3、4、7、10 一类，6、9 一类，2、5、8、12 一类，11、13、14分别为一类；建立"27-28"半阴坡 6 个微地形经营组。结合观测量所在立地类型构建其微地形体系。

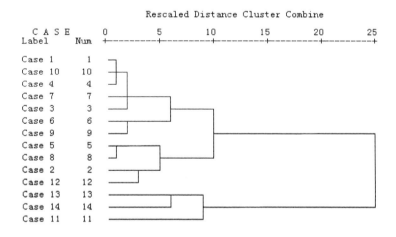

图 8-16 "27-28"半阴坡微地形组(含水量和植被因素)聚类树形图

Fig. 8-16 Clustering tree of observation points on"27-28"semi-shady slopeby SWC and vegetation

表 8-14 "27-28"半阴坡微地形经营组

Tab. 8-14 Microhabitat groups of observation points on "27-28" semi-shady slope

微地形经营组	观测量	
	标识	特征
1 半阴峁坡及浅沟	1	27(1)半阴峁坡上部陡坡(EN35°，28°)
	3	27(3)半阴峁坡中部陡坡(EN25°，30°)
	4	27(4)半阴峁坡中部陡坡浅沟(EN25°，30°)
	7	27(7)半阴峁坡下部极陡坡浅沟(EN25，36°)
	10	27(10)半阴峁坡基部缓坡(EN25°，22°)
2 半阴峁(极)/陡坡小切沟和沟坡大切沟底	2	27(2)半阴峁坡上部陡坡小切沟(EN25°，28°)
	5	27(5)半阴峁坡中部陡坡小切沟(EN25°，30°)
	8	27(8)半阴峁坡下部极陡坡小切沟(EN25°，36°)
	12	28(2)半阴沟坡切沟底(E，46°)
3 下部极陡峁坡及缓坡浅沟	6	27(6)半阴峁坡下部极陡坡(EN25°，36°)
	9	27(9)半阴峁坡基部缓坡浅沟(EN25°，22°)
4 半阴急陡沟坡	11	28(1)半阴急陡沟坡(E，52°)
5 沟坡大切沟急陡阴坡	13	28(3)半阴沟坡切沟急陡阴坡(NE10°，50°)
6 沟坡大切沟急陡阳坡	14	28(4)半阴沟坡切沟急陡阳坡(SE10°，50°)

表 8-15 "27-28"半阴坡微地形分类

Tab. 8-15 Microrelief classification result of observation points on "27-28" semi-shady slope

立地类型	微地形类型	观测量	
		标识	特征
半阴陡坡	陡坡及浅沟	1	27(1)半阴峁坡上部陡坡(EN35°，28°)
		3	27(3)半阴峁坡中部陡坡(EN25°，30°)
		4	27(4)半阴峁坡中部陡坡浅沟(EN25°，30°)
	陡坡小切沟	2	27(2)半阴峁坡上部陡坡小切沟(EN25°，28°)
		5	27(5)半阴峁坡中部陡坡小切沟(EN25°，30°)
	极陡坡	6	27(6)半阴峁坡下部极陡坡(EN25°，36°)
	极陡坡浅沟	7	27(7)半阴峁坡下部极陡坡浅沟(EN25°，36°)
	极陡坡小切沟	8	27(8)半阴峁坡下部极陡坡小切沟(EN25°，36°)
半阴峁基缓坡	峁基缓坡	10	27(10)半阴峁坡基部缓坡(EN25°，22°)
	峁基缓坡浅沟	9	27(9)半阴峁坡基部缓坡浅沟(EN25°，22°)
半阴急陡沟坡	急陡沟坡	11	28(1)半阴急陡沟坡(E，52°)
	沟坡切沟底	12	28(2)半阴沟坡切沟底(E，47°)
	沟坡大切沟急陡阴坡	13	28(3)半阴沟坡切沟急陡阴坡(NE10°，50°)
	沟坡大切沟急陡阳坡	14	28(4)半阴沟坡切沟急陡阳坡(SE10°，50°)

8.2.2.3 "30-31"坡面微地形分类

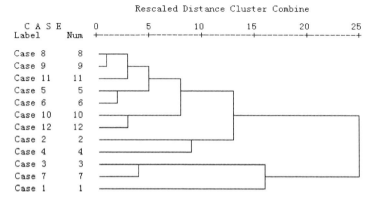

图 8-17 "30-31"半阴坡微地形(综合因素)聚类树形图

Fig. 8-17　Clustering tree of observation points on"30-31"semi-shady slope by SWC , vegetation andmicrorelief shape feature

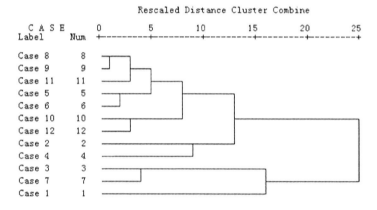

图 8-18 "30-31"半阴坡微地形(含水量和植被因素)聚类树形图

Fig. 8-18　Clustering tree of observation points on"30-31"semi-shady slope by SWC , and vegetation

　　"30-31"半阴坡水分、植被和坡向坡度综合聚类结果表明,观测量被分为 2~7 类时,类间距离较大。当微地形分为 7 个经营组时,结合立地条件划分,构建"30-31"半阴向微地形体系。

表 8-16 "30-31" 半阴坡微地形分类

Tab. 8-16 Microrelief classification result of observation points on
"30-31" semi-shady slope

立地类型	微地形类型	观测量	
		标识	特征
半阴向急陡沟坡	极陡切沟阴坡	1	30(1)半阴沟坡切沟极陡阴坡(NW5°, 37°)
	极陡切沟阳坡	2	30(2)半阴沟坡切沟极陡阳坡(S, 38°)
	沟坡切沟底	3	30(3)半阴沟坡切沟底
	急陡沟坡	4	30(4)半阴急陡沟坡(EN15°, 48°)
半阴向缓坡	缓坡及浅沟	5	31(1)半阴峁坡下部缓坡浅沟(EN15°, 23°)
		6	31(2)半阴峁坡下部缓坡(EN15°, 23°)
半阴向陡坡	陡坡小切沟	7	31(3)半阴峁坡下部极陡坡小切沟(EN15°, 40°)
	陡坡及浅沟	8	31(4)半阴峁坡中上部陡坡(EN15°, 35°)
		9	31(5)半阴峁坡中上部陡坡浅沟(EN15°, 35°)
	坡间过渡极陡坎	11	31(7)半阴峁坡坡间过度极陡坎(EN15°, 40°)
	向陡坡基缓坡	10	31(6)半阴峁坡中上部陡坡基缓坡(EN15°, 22°)
		12	31(8)半阴峁坡中上部极陡坡缓坡(EN15°, 20°)

8.2.2.4 "22-23" 坡面微地形分类

根据 7 月份、10 月份土壤含水量，植被生长高度、盖度、生物量，坡度和坡向综合聚类，确定 7 种经营类型组。

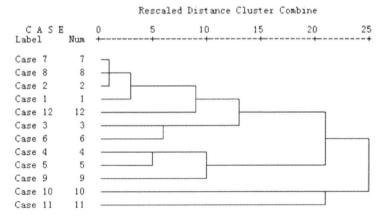

图 8-19 "22-23" 半阴坡微地形综合因素聚类树形图

Fig. 8-19 Clustering tree of observation points on "22-23" semi-shady slope
by SWC，vegetation andmicrorelief shape feature

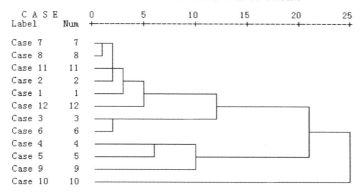

图 8-20 "22-23"半阴坡微地形土壤含水量和植被因素聚类图

Fig. 8-20　Clustering tree of observation points on"22-23"semi-shady slope by SWC and vegetation

表 8-17 "22-23"半阴坡微地形分类

Tab. 8-17　Microrelief classification result of observation points on"22-23"semi-shady slope

立地类型	微地形类型	观测量	
		标识	特征
半阴急陡沟坡	切沟极/急陡半阴坡	11	23(2)半阴沟坡切沟极陡半阴坡(NW40°，45°)
	半阴切沟底	12	23(3)半阴沟坡切沟底 EN35°，40°)
	切沟急陡半阳坡	10	23(1)半阴沟坡切沟急陡半阳坡(ES20°，46°)
半阴向陡坡	峁上部陡坡及坡基平缓坡	1	22(1)半阴峁坡上部陡坡(EN35°，29°)
		2	22(2)半阴峁坡上部陡坡基平缓坡(EN25°，15°)
	峁基缓坡及浅沟	7	22(7)半阴峁坡基部缓坡浅沟(EN25°，22°)
		8	22(8)半阴峁坡基部缓坡(EN25°，22°)
	峁中部陡坡及其浅沟	4	22(4)半阴峁坡中部陡坡浅沟(EN25°，30°)
		5	22(5)半阴峁坡中部陡坡(EN25°，30°)
	峁中部陡坡小切沟及其坡基平缓坡	6	22(6)半阴峁坡中部陡坡基部小平台(EN25°)
		3	22(3)半阴峁坡中上部陡坡小切沟(EN25°，29°)
	极陡坡(过度坎)	9	22(9)半阴峁坡中部极陡坡(EN25°，42°)

8.2.2.5 "4-5"坡面微地形分类

从土壤含水量及植被生长状况看，观测量分为 6 类时，类间距离大，划分为 6 种微地形经营组。全面考虑水分、植被和地形地貌条件，建立坡面微地形体系。

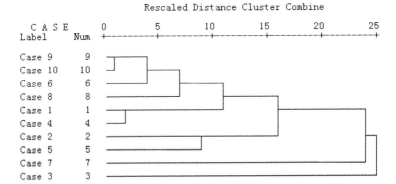

图 8-21　"4-5"半阴坡微地形综合因素聚类树形图

Fig. 8-21　Clustering tree of observation points on"4-5"semi-shady slope by SWC , vegetation andmicrorelief shape feature

表 8-18　"4-5"半阴坡微地形分类

Tab. 8-18　Microrelief classification result of observation points on"4-5"semi-shady slope

立地类型	微地形类型	观测量	
		标识	特征
半阴向 急陡沟坡	陡沟坡	1	4(1)半阴急陡沟坡(EN35°，46°)
	切沟极陡阴坡	4	4(4)半阴极陡切沟阴坡(NE15°，36°)
	极陡切沟底	2	4(2)半阴极陡切沟底(EN35°，40°)
	切沟极陡阳坡	3	4(3)半阴向极陡切沟阳坡(SW30°，36°)
半阴向 陡坡	峁坡基部缓坡浅沟	5	5(1)半阴峁坡基部缓坡浅沟(EN20°，22°)
	峁坡基部缓坡	6	5(2)半阴峁坡基下部缓坡(EN20°，22°)
	陡峁坡及其浅沟	9	5(5)半阴峁坡上部陡坡浅沟(EN20°，27°)
		10	5(6)半阴陡坡上部陡坡(EN20°，27°)
	陡坡小切沟	8	5(4)半阴峁坡上部陡坡小切沟(EN20°，27°)
	急陡峁坡	7	5(3)半阴陡坡中部急陡坡(EN20°，49°)

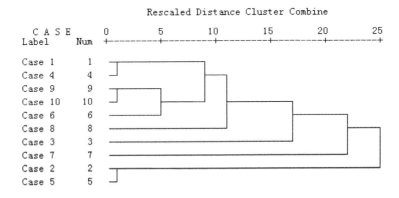

图 8-22　"4-5"半阴坡微地形含水量和植被因素聚类图

Fig. 8-22　Clustering tree of observation points on"4-5"semi-shady slopeby SWC and vegetation

8.2.2.6　半阴坡微地形分类体系

根据 5 个独立坡面 57 个观测量对比的研究，归纳成半阴坡一套微地形体系，4 个立地条件类型，8 个微地形类型组，16 个微地形类型。

表 8-19　半阴向微地形分类体系

Tab. 8-19　Microrelief classification system of observation points on semi-shady slope

立地类型	微地形类型组	微地形类型
Ⅰ半阴向急陡沟坡	1 急陡沟坡	（1）急陡沟坡
	2 切沟极陡阴坡	（2）切沟极/急陡(半)阴坡
	3 切沟底	（3）切沟底
	4 切沟极/急陡阳坡	（4）切沟急陡(半)阳坡
	5 沟底平缓坡	（5）半阴沟底平缓坡
Ⅱ半阴向缓坡	6 峁坡基部缓坡	（6）峁坡基部缓坡浅沟
		（7）峁坡基部缓坡
Ⅲ半阴向陡坡	7 陡坡	（8）陡坡及浅沟
		（9）陡坡小切沟
		（10）陡坡基小平台
		（11）极陡坡
		（12）极陡坡浅沟
		（13）极陡坡小切沟
		（14）急陡过渡峁坡
		（15）峁下部缓坡
Ⅳ梁顶平缓坡	8 梁顶平缓坡	（16）梁顶平缓坡

8.3　小　结

在半阳坡和半阴坡，根据单个独立坡面微地形综合要素聚类，相似的微地形具有相似或一致的植被配置。然后，在立地类型的构架下，分别坡向匹配归纳总结半阳坡和半阴坡的微地形类型分类体系，结果表明：

（1）三个坡向 21 个微地形被分为 6 个立地类型，14 个微地形类型组，其中阳坡 4 个微地形类型组；半阳坡 5 个微地形类型组；半阴坡 5 个微地形类型组。

（2）半阴坡微地形体系包括 4 个立地条件类型，8 个微地形类型组，16 个微地形类型。

（3）半阳坡微地形体系囊括了 5 个立地类型、11 个微地形类型组、20 个微地形类型。

第9章 微地形的植被配置

9.1 黄土丘陵沟壑区植被恢复目标

生态系统都是在深入认识生态原则和动态原则的基础上，模拟自然生态系统的产物。退化生态系统的恢复最有效的是顺应生态系统演替发展规律来进行。植被恢复在生态恢复中占主导地位，而且植被的恢复必须遵循植被地带性规律和植物群落的演替规律，制定相应恢复目标和植被配置结构，建立健康持续发展的植被类型。

9.1.1 植被地带性特征

黄土丘陵沟壑历史时期一直处于森林草原过渡带，陕北南部主要以次生阔叶辽东栎林、油松林或油松辽东栎混交天然林为主，陕北北部呈现稀树草原或森林草原为主，虽然随着气候的变化，过渡带的边缘线来回摆动，但植被带基本特征没有变化(邹厚远，1998，2000；史念海，1988，1999)。具体的分界线一直存在争论(侯庆春，2000)，中国科学院黄土高原综合科学考察队确定的暖温带落叶阔叶林带的北界在黄龙以北、黄陵以南一线，以北为山地森林，若把子午岭也看成森林水平分布的话，森林带北界在延安—子午岭西北缘一线，森林带的北界划在延川、安塞一线；《中国林业区划》把400mm降水等值(长城一线)线作为森林带北界，陕北黄土丘陵沟壑区可以划分为森林地带和森林草原地带，以清涧—安塞—志丹至吴起南部一线(与500mm降水量等值线)作为森林地带和森林草原地带的界限，以南地区属华北夏绿阔叶林区(刘建军，2002)。

吴起县正处于分界线的周遭，由于过度的农业活动使原始植被已破坏殆尽，次生植被也失去了原有的面貌。所以，地带性界线很难具体确定。根据(陈洪涛、赵鹏祥等，2008)报道，县境内松类和柏类近成熟林各有一块，面积分别为8.58 hm² 和20.88hm²；因此，吴起县地带性植被为森林草原向草原过渡类型，界定为森林草原带稀树草原区。

9.1.2 植物群落演替规律

根据不同学者对黄土丘陵沟壑区森林草原过渡带北部草原区植被演替规律的研究，植物群落演替的先锋群落阶段主要优势物种以狗尾草和猪毛蒿等为主，旱生性禾草群落阶段以优势物种长芒草、糙隐子草、赖草、硬质早熟禾为主，旱中生蒿类群落阶段主要优势物种有铁杆蒿、茭蒿、达乌里胡枝子、白羊草等，疏林草原阶段物种有丁香、杜梨等。退耕地植被自然恢复经历 4 个时期：迅速恢复期（1～4 年）、初级更替期（5～13 年）、高级更替期（13～20 年）和缓慢恢复期（20～25 年）。包括猪毛菜、猪毛蒿、达乌里胡枝子、铁杆蒿和白羊草 5 种群落类型的演替系列或猪毛蒿、赖草＋长芒草、赖草＋铁杆蒿、铁杆蒿、铁杆蒿＋茭蒿群落 5 个发展阶段，植被自然演替十分缓慢，40～50 年后，仍处于以地带性草本为主要优势种，而未能形成灌丛群落类型。几十年甚至上百年后仍然不能形成乔灌群落（邹厚远，1998；温仲明，2005；焦菊英，2005；白文娟，2006；贾燕锋等 2007；秦伟、朱清科等，2008；曾光、杨勤科等，2008）。

9.1.3　植被恢复目标

9.1.3.1　植被恢复总目标

以地带性植被和演替顶级理论为依据，黄土丘陵沟壑区森林草原过渡带生态恢复长期目标是生态系统自身可持续性的恢复，陕北南部干旱森林区阳坡恢复侧柏林、阴坡辽东栎林或辽东栎与油松混交林；陕北北部森林草原区以恢复成沙棘灌木林、白刺花、杠柳灌木林或稀灌茭蒿、铁杆蒿、白羊草、胡枝子草被，条件好的地方可以营造侧柏林和油松林等。

9.1.3.2　植被恢复短期目标

实现植被恢复总目标的时间尺度太大，加上生态系统是开放的，可能会导致恢复后的系统状态与原状态不同。所以，应根据生态系统的受损程度、针对不同退化阶段或植物群落演替阶段，确定不同的短期恢复目标。首要目标是保护自然的生态系统，其次是恢复与人类关系密切的退化生态系统，并对现有的生态系统进行合理管理，避免再次退化。因此，在吴起退耕封育 10 年的天然茭蒿、铁杆蒿、针茅草地，在继续封育保护的同时，在不破坏现有植被的条件下，短期内应构建灌草混交植被。加速植被演替，促进植被快速恢复。

9.2　植被配置与物种选择原则

9.2.1　原则

物种选择与生物配置是生态系统生物群落结构再建的基础，国外恢复学家认为，生态恢复是生态系统结构、功能的逼真再现，因而强调原生生态系统植物组分的重要性，而这些组分的再现至少要恢复关键种，因而其植物种的选择与配置多参照所谓"原始的"、"自然的"生态系统的植物组分。中国学者多强调功能的再现或土地生产力的提高，并不太强调其结构上的逼真性。所以，物种选择和配置应遵循以下原则。

（1）选择种群原则。物种的选择依据参照系统来选择，选择的物种属于原生生态系统的组分、依据恢复的目标或恢复区所处的生境条件来选择，即"因地制宜"地选择适应生境的种群。

（2）配置种群原则。植被配置要依照生物共生互生、生态位原理，物种多样性原理建立互惠共生的群落。

（3）置换种群原则。自然群落在长期的演替过程中通过种间、个体竞争达到生态系统的稳定和持续发展。所以，植被配置必须考虑现有植被结构及其发展动态，使其逐渐向着"人工＋自然植被"过度，最后向着自然顶级植被的方向发展。

（4）土壤水分与植物生长协调原则。在研究区水是植被配置的首要限制因素，而土壤含水量的多少与变化，又是受降雨、微地形和现有植被生长发育的影响。所以，植被类型和结构配置必须充分考虑微地形现有的植被生长状况和土壤含水量状况。

（5）合理应用外来种原则。具有良好水土保持功能的外来植物可以迅速发挥水保效益，但选用前必须进行"入侵性"评估，避免生物入侵的发生。

9.2.2　植被结构配置

研究区属于森林灌丛草原植被带，天然次生乔木林几乎不复存在，人工次生林以油松、侧柏、杏树林、沙棘林为主，植物群落演替缓慢，亚顶级植被以灌木林为主，目前植被以多年生的茭蒿、铁杆蒿、针茅为主，结合微地形分类及特征，现在恢复的植被应配置成稀乔疏灌草被。

配置乔木以河北杨、榆树、臭椿、油松、侧柏为主，灌木可选择扁核木、紫穗槐、连翘、黄刺玫、杠柳、臭柏、醉鱼草、沙棘、白刺花、文冠果和小灌木胡枝子等，草本以茭蒿、铁杆蒿、沙打旺、苜蓿、针茅、白羊草、百里香为主等。

9.3　微地形的植被配置

9.3.1　典型微地形植被配置

9.3.1.1　植被配置依据

微地形植被恢复是在人为干扰（增益）下的一项事业，人工植被的配置主要依靠微地形的自然条件，特别是土壤水分和植被状况，同时也要考虑坡度大小和坡面破碎度等，所以，根据微地形植被生长高度、盖度和生物量，7月初和10月底土壤含水量、坡度6个指标聚类，微地形明显可以划分为四大聚类组即植被经营组。

第一聚类组沟底型：包括三个大切沟底，相比之下，生物量最高平均165.84g/m²、盖度最大83%、高度最高82cm，况且土壤含水量比较高（仅低于第二类型组），5月初9.39%，10月底12.99%，沟底现以灌木草本为主，局部洼地有乔木生长，所以，这类微地形以稀乔疏配置为主；第二聚类组半阴坡型：有半阴坡陡峭坡坡面、浅沟、小切沟、大切沟阴坡和半阳向小切沟，土壤含水量最高，5月初和10月底土壤含水量分别为10.09%和14.24%；生物量达到115.84g/m²，现有植被以草为主。植被配置以灌木林或行或带为主。第三聚类组阳坡半阳坡型：包括阳向陡峭坡坡面、浅沟、小切沟和半阳向陡坡坡面及其浅沟，土壤含水量和生物量比较低，植被以灌木带、行或独立散生木方式配置；第四聚类组急陡沟

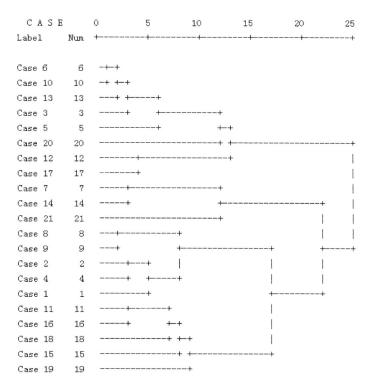

图 9-1　微地形综合(植被、土壤水分和坡度)因素聚类树

Fig. 9-1　Clustering tree by vegetation，SWC and gradient of microreliefs of three slopes

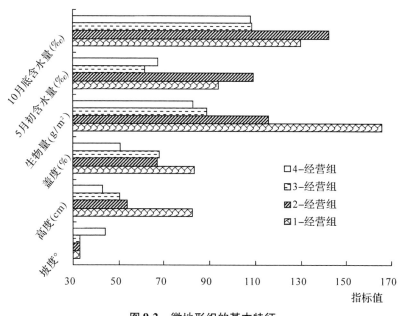

图 9-2　微地形组的基本特征

Fig. 9-2　Basic characteristics of microrelief groups

坡型：囊括了三个坡向的沟坡，阳向和半阳向切沟的四种坡面，半阴向切沟阳坡，这类微地形组坡度很陡，平均达到44°，植被最少，且土壤含水量低（7月6.73%），因此，以封育或人工撒播草种灌木植物种子为主，促进植被自然演替。

从三个坡向的陡坡14个微地形类型的植被高度、盖度和生物量看，从大到小的排序号不同，7月和10月土壤含水量的排序也有差异，植被的具体配置要综合分析这两个方面的因素，科学合理配置其结构，并选择相适应的植物种。

表 9-1　微地形类型组植被和土壤含水量排序表

Tab. 9-1　The order of different factors of microterain groups

序号	微地形类型组	排序号*				
		植被			土壤含水量	
		高度	盖度	生物量	5月上旬	10月下旬
1	阳向峁坡	7	6	11	14	13
2	阳向沟坡和切沟半阳坡	11	12	13	13	14
3	阳向切沟半阴坡	8	11	10	11	10
4	阳向沟底	3	3	3	7	5
5	半阳向坡面和浅沟	6	7	9	9	7
6	半阳向小切沟	4	4	4	4	3
7	半阳向沟坡和切沟阳坡	13	13	12	12	12
8	半阳向切沟阴坡	10	8	6	5	6
9	半阳向切沟底	2	1	2	8	9
10	半阴向峁坡	5	9	7	3	1
11	半阴向沟坡	12	10	8	6	8
12	半阴向切沟阴坡	14	14	14	10	11
13	半阴向切沟阳坡	9	5	5	2	2
14	半阴向切沟沟底	1	2	1	1	4

注：排序号*，指标值最大的序号为1，指标值最小的序号为14。

土壤含水量是降水、土壤蒸发、植物蒸腾等因素综合作用下形成的，在不破坏现有植被条件下，确定植被配置结构必须综合考虑植被和土壤含水量两个因素。不同微地形经营类型5月初和10月底土壤含水量的变化趋势基本一致，单从5月份含水量排序：半阴向切沟沟底14（12.33%）＞半阴向切沟阳坡13（12.16%）＞半阴向峁坡10（10.68%）＞半阳向小切沟6（10.32%）＞半阳向切沟阴坡8（9.54%）＞半阴向沟坡11（9.23%）＞阳向沟底4（8.02%）＞半阳向切沟底9（7.64%）＞半阳向坡面和浅沟5（7.51%）＞半阴向切沟阴坡12（6.61%）＞阳向切沟半阴坡3（6.14%）＞＞半阳向沟坡和切沟阳坡7（5.63%）＞阳向沟坡和切沟半阳坡2（5.52%）＞阳向峁坡1（5.26%）。

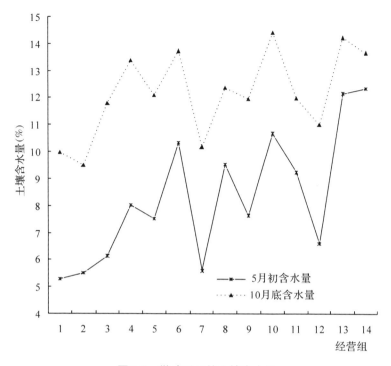

图 9-3　微地形组的土壤含水量

Fig. 9-3　SWC of microrelief groups

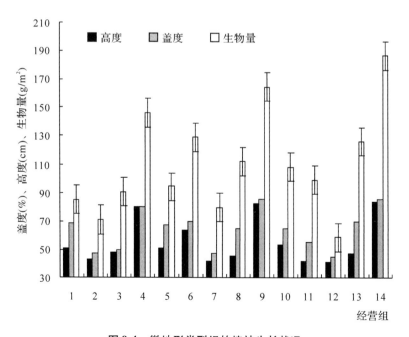

图 9-4　微地形类型组的植被生长状况

Fig. 9-4　vegetation growth of microrelief groups

微地形植被生长量是反映地形综合条件的一个"标杆",植物组成、高度、盖度和生物量是比较好的评价指标,单从地上生物量排序看:半阴向切沟沟底(186.74 g/m²)>半阳向切沟底(164.44 g/m²)>阳向沟底(146.35 g/m²)>半阳向小切沟>半阴向切沟阳坡>半阳向切沟阴坡>半阴向峁坡>半阴向沟坡>半阳向坡面和浅沟>阳向切沟半阴坡(90.63 g/m²)>阳向峁坡(84.94 g/m²)>半阳向沟坡和切沟阳坡(71.56 g/m²)>阳向沟坡和切沟半阳坡(71.12 g/m²)>半阴向切沟阴坡(58.64 g/m²)。

半阴向、半阳向和阳向切沟底植物生物量最高,且有稀疏扁核木等灌木分布,低洼的局部有几株河北杨、臭椿、白榆或旱柳生长;半阴坡切沟底土壤含水量最高,半阳向和阳向切沟土壤含水量比较适中,所以,植被配置应以稀乔疏灌沿沟底配置,近期形成人工稀乔疏灌+天然草丛混交植被。

阳峁陡坡面、阳沟坡和切沟半阳坡,半阳向沟坡和切沟阳坡等,不仅土壤含水量低,而且植物地上生物量少,因此,植被配置以稀疏的灌木林带为主,坡度比较陡的切沟坡面或沟坡采取封育保护,或人工撒播灌草种子促进天然植被的恢复。

其他微地形经营型,生物量和土壤含水量比较居中,结合微地形的形状特点,小切沟配置单株小乔木或稀疏栽植几株灌木,坡面稀疏栽植灌木带灌木林,浅沟栽植灌木,切沟阳、半阳坡面和阳半阳急陡沟坡以封育保护为主,半阴沟坡和切沟阴半阴面配置灌木行等。

9.3.1.2 植被配置结构

植被配置结构沟底以乔灌结合,洼地乔木,株间距 3~5m、沟底坡灌木株间距 1m;半阴峁陡坡灌乔结合,以灌为主,坡面和浅沟灌木林、小切沟配置乔木 1~3 株;阳半阳峁陡坡草乔灌结合,以灌木为主,沿等高线配置灌木带,形成人工稀乔灌木与天然草被带状混交,浅沟稀植灌木;沟坡及切沟坡以封育为主,人工撒播灌草种子,改良现有天然草地,具体配置模式如下表。

表 9-2 21 个典型坡面微地形植被配置结构

Tab. 9-2 **Vegetation arrananagement of microrelief types on three slopes**

立地类型	微地形类型组	微地形	植被配置	
			模式	备选植物种
阳向陡峁坡	峁坡	阳向陡坡坡面 阳向陡坡浅沟 阳向陡坡小切沟	沿等高线灌木带 5 行,株间距 1m,带间距 4~5m;浅沟稀植灌木,株间距 5m。形成灌木带与天然草带状混交	柠条、扁核木、沙棘、臭柏、连翘、白刺花、文冠果、杠柳
阳向急陡沟坡	沟坡和切沟半阳坡 切沟半阴坡 沟底	阳向急陡沟坡 阳向大切沟半阳坡 阳向大切沟半阴坡 阳向大切沟沟底	封育为主,人工撒播灌草木种子,改良天然草地 乔灌结合,以洼地乔木为主,株间距 3m;沟底坡灌木,间距 1~2m	柠条、杠柳、铁杆蒿、针茅、胡枝子 乔木:侧柏、小叶杨、榆树、臭椿等。灌木:紫穗槐、连翘等

（续）

立地类型	微地形类型组	微地形	植被配置	
			模式	备选植物种
半阳向陡崾坡	坡面和浅沟	半阳向陡坡坡面	灌乔结合，以灌为主，等高线配置灌木带，灌木带 5 行，株间距 1m，带间距 4～5m；浅沟稀植乔木。形成人工乔灌带与天然草带状混交	乔木：臭椿、火炬树；灌木：臭柏、扁核木、沙棘、白刺花、文冠果
		半阳向陡坡浅沟		
	小切沟	半阳向陡坡小切沟	乔灌结合，乔株间距 3m，每个小切沟栽植 1～3 株。灌木间距 1 米	乔木：火炬树；灌木：黄刺玫、紫穗槐
半阳向急极沟坡	沟坡和切沟阳坡	半阳向急陡沟坡 半阳向大切沟阳坡	封育为主，人工撒播灌草改良现有天然草地	柠条、紫穗槐、杠柳、茭蒿、胡枝子等
	切沟阴坡	半阳向大切沟阴坡	稀疏灌木，灌木间距 2m；或封育保护现有的灌草植被	沙棘、连翘、扁核木等
	切沟底	半阳向大切沟沟底	乔灌结合，以洼地乔木为主，株间距 3m；沟底坡灌木，间距 1m	乔木：侧柏、河北杨、榆树、臭椿；灌木：扁核木、沙棘等
半阴向陡崾坡	崾坡	半阴向陡坡坡面	灌乔结合，以灌木主，坡面和浅沟栽植灌木，灌木株间距 1m，小切沟配置乔木，乔木株间距 3m，每个小切沟配置 1～3 株乔木	乔木：河北杨、榆树、油松。灌木：扁核木、沙棘、紫穗槐、黄刺玫、连翘、丁香
		半阴向陡坡浅沟		
		半阴向陡坡小切沟		
半阴向急极沟坡	沟坡 切沟阴坡 切沟阳坡	半阴向急陡沟坡 半阴向大切沟阴坡 半阴向大切沟阳坡	封育为主，人工撒播灌草种子，改良天然草地	沙棘、杠柳、胡枝子、茭蒿茭蒿、铁杆蒿等
	切沟沟底	半阴向大切沟沟底	乔灌结合，以乔木为主，乔木间距 5m；乔木株间栽植灌木，灌木间距 1m	油松、河北杨、榆树、臭椿。灌木：扁核木、黄刺玫、丁香、虎榛子等

9.3.2　半阳坡微地形植被的配置

9.3.2.1　植被的配置依据

9.3.2.1.1　"19-20-21"坡面植被配置依据

　　"19-20-21"半阳坡微地形分为有 6 个类型（见本书 8.2.1.1 内容）：第 1 类半阳向崾顶平缓坡和坡基平台，7 月和 10 月土壤含水量高分别为 4.58% 和 12.98%，5 月土壤含水量也比较高 8.27%，草被盖度、高度和地上生物量分别为 47%、25cm、101.95 g/m²，而这种类型处于崾坡顶部，坡面平缓，土壤含水量较高，所以，建议营造一些稀疏的乡土乔灌木，形成稀乔灌草被类型。

　　第 2 半阳向崾坡上部极陡坡、半阳向崾坡上部极陡坡小切沟、半阳向崾坡中部极陡坡、半阳向峁坡中部极陡坡浅沟、半阳向峁坡下部陡坡类，植被生长盖度、高度和生物量分别为64%，34.6cm 和 152.16 g/m²，春夏秋三个季节土壤水分含量居中，土壤含水量和植被生长相对协调，以配置稀疏的带状灌木为主。

第3类半阳向峁坡中极陡坡切沟底、小切沟和下部浅沟，植被生长最好，植被盖度、高度和地上生物量相对最高，分别达到73.33%、68.68cm 和 173.47g/m²，土壤含水量相对居中。植物生长与土壤水分相适应，应维护切沟灌木，在浅沟稀疏栽植灌木。

第4类半阳向沟坡切沟阳向急陡坡，5月、7月和10月土壤含水量最低分别为5.77%、3.04%和10.05%，经过春季持续干旱和植被生长利用土壤水分后，0~60cm 土层含水量降到植物凋萎含水量(5%)以下，坡面多年生茭蒿和铁杆蒿群落盖度30%，高度25cm，地上部分生物量69.15g/m²；这种切沟阳坡面类型，坡面破碎，坡度大，土壤含水量低，现有植被稀少。撒种或封育保护现有植被是比较好的选择。

第5半类阳向沟坡切沟阴向急陡坡和半阳向急陡沟坡，虽然5月份和10月份土壤含水量相对较高，分别达到10.78%和11.94%，特别是5月份含水量最高的一种类型，这主要是坡面植被生长较差，仅仅比切沟阳向极陡坡面植被生长较好，其平均盖度42.5%、平均高度32.5cm、平均地上生物量82.61g/m²。同样，这两种坡面坡度很大，坡面较小或破碎。采用封育保护或配置人工种草改善天然草地植被结构。

第6类半阳向沟坡切沟底，草被中散生一些灌木扁核木，草被盖度高达80%，高度35cm，即密集生长铁杆蒿和茭蒿，地上生物量达到164.37 g/m²，是第4和5类生物量的2.38、1.99倍。在这种植被生长状况下，5月土壤含水量仍然相对较高9.33%，仅次于第

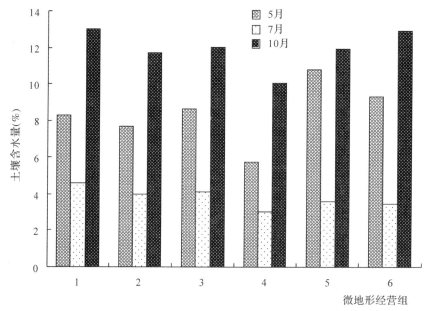

图 9-5 "19-20-21"半阳坡微地形经营组土壤含水量

Fig. 9-5 SWC of microterain groups n "19-20-21"semi-sunny slope

切沟阴陡坡类，10 月土壤水分恢复到 12.89%，在这 6 类中具有相对较高的土壤水分，但是，在干旱的 2008 年，7 月以前因为没有有效的大气降水量，导致土壤含水量降低到 3.46%。沟底维持草灌植被类型，在草被稀少的区域，栽植稀疏的乡土乔灌木。

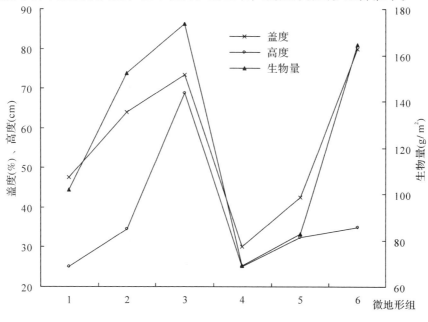

图 9-6　"19-20-21"半阳坡微地形植被生长量

Fig. 9-6　Plant growth of microrelief groups on "19-20-21" semi-sunny slope

10.3.2.1.2　"1-2-3"坡面植被配置依据

"1-2-3"半阳坡植被经营分为 5 类(见本书 8.2.1.2 内容)：第 1 微地形经营组梁顶平缓坡，7 月和 10 月土壤含水量都最高，分别为 5.08%、13.66%，5 月含水量 10.22% 仅低于第 3 类微地形型 10.84%；植被生长较好，盖度 75%，配置稀灌或乔木为主植被。

第 2 微地形经营组，包括半阳向陡峭坡面及坡面上浅沟，急陡沟坡面，土壤含水量比较低，植被生长较好。植被配置草本或稀疏的灌木行/带，急陡沟坡也可以封育或撒草种以改善天然草地植被结构。

第 3 微地形经营组，5 月和 9 月土壤含水量最高分别为 10.94%、11.84%，7 月和 10 月土壤含水量 4.39%、13.19% 仅低于第一类微地形含水量 5.08%、13.66%，植被盖度 90%，高度 52 cm，平均地上生物量 160.82 g/m²。半阳坡陡坡下部的小切沟，雨季有地表径流增加水分入渗的机会，小切沟又具有遮挡阳光的作用，小切沟内水分较好，茭蒿生长比较发达，配置单株乔木或灌木。

第 4 微地形经营组，属于沟坡的小切沟和大切沟底，现有植被生长比较茂密，大切沟底零星分布有灌木铁线莲，草被盖度达到 82.5%，高度 56 cm，地上生物量 209.17 g/m²；且 5 月土壤含水量 10.13%，7 月 4.11%，比第 2 和 5 类微地形相应月份含水量高，因此，此类微地形类型土壤含水量与植被相对和谐。保护现有灌木，在没有灌木的地方稀疏配置乔木，达到稀乔灌木人工植被＋天然草被混生结构。

第5类微地形经营组土壤含水量最低，5月上旬土壤含水量6.51%，连续春旱后7月上旬土壤含水量降到3.43%，所以植被生长最差，植被盖度15%、高度15cm，地上生物量66.1g/m²，第5类微地形是切沟急陡阳坡，坡面急陡且破碎。封育保护或兼顾撒草种以改善草被结构。

表9-3 "1-2-3"半阳坡微地形经营租

Tab. 9-3　Vegetation restoration groups of microreliefs on "1-2-3" semi-sunny slope

经营组	观测量	
	标识	观测量
1	1	01 梁顶平缓坡（WN5°，7°）
2	2	02（1）半阳向峁坡上部陡坡（WN5°，27°）
	3	02（2）半阳向峁坡中部陡坡（32°，WN5°）°
	4	02（3）半阳向峁坡中部陡坡浅沟（WN5°32°）
	7	03（2）半阳向极陡沟坡（WN10°，45°）
	10	03（5）半阳向切沟急陡阴坡（NW20°，47°）
3	5	02（4）半阳向峁坡中下部陡坡（WN5°，32°）
4	6	03（1）半阳向沟坡上部小切沟（WN10°，45°）
	8	03（3）半阳向极陡沟坡切沟底（WN10°，45°）
5	9	03（4）半阳向切沟急陡阳坡（SW10°，47°）

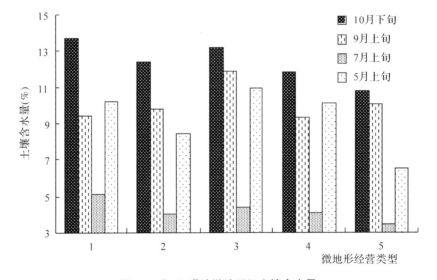

图9-7 "1-2-3"坡微地形组土壤含水量

Fig. 9-7　SWC of microterrain groups on "1-2-3" semi-sunny

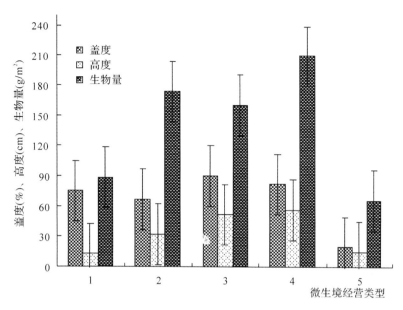

图 9-8　"1-2-3"半阳坡微地形经营组植被生长量

Fig. 9-8　Vegetation growth of microterrain groups on "1-2-3"semi-sunny slope

10. 3. 2. 1. 3　"32-33-34"坡面植被配置依据

　　5 个微地形经营类型组(见本书 8. 2. 1. 3 内容)中，微地形 1 组半阳向极陡沟坡，由于处于坡面最下部，受降雨渗透时间长，植被生长差、利用少，所以土壤含水量最高 15.00%，但是，随着土壤蒸发和植被蒸腾，经过持续的冬春干旱，到 7 月上旬土壤含水量降到 2.77%，再加上坡度急陡(47°)，所以，植被建设以封育保护为主，适当撒播草灌种子，促进植被恢复。微地形组 2 半阳坡切沟半阴坡，坡面破碎、坡度极陡 40°，土壤含水量低，植被生长较差，仍以植被保护为主，适量撒播草种促进植被恢复。微地形组 3 为沟坡的切沟底，土壤含水量较高，植被生长最好，盖度 90%，生物量 169.42 g/m²，植被经营以稀乔稀灌为主；微地形组 5 半阳向陡坡坡面和浅沟土壤含水量和植被生长比较适中，可以进行稀灌带与草带状混交。半阳向沟坡切沟极陡阳坡面(第 4 组)土壤含水量最低，7 月、10 月分别为 2.21% 和 8.89%，植被生长最差，植被盖度 30%，高度 28cm，生物量仅 58.63g/m²，坡面相对破碎，坡度达到 40°，所以，目前当务之急是封育保护现有草被。微地形组 6 陡坡小切沟，不但 7 月(3.94%)和 10 月(11.96%)土壤含水量较高，而且植被生长较好(盖度 75%，高度 72.5cm，生物量 159.50g/m²)。所以，可以在小切沟内栽植单株灌木或根据小切沟长度栽植稀疏的几株灌木。

表9-4 "32-33-34"半阳坡微地形经营组

Tab. 9-4　Vegetation restoration groups of microreliefs on"32-33-34"semi-sunny slope

经营组	观测量	
	标识	特征
1	1	32(1)半阳向急陡沟坡(W, 47°)
2	2	32(2)半阳向沟坡切沟极陡半阴坡(NW30, 40°)
3	3	32(3)半阳向沟坡切沟底(W, 40°)
4	4	32(4)半阳向沟坡切沟极陡阳坡(S, 42°)
5	5	33(1)半阳向峁坡中上部陡坡(W, 28°)
	6	33(2)半阳向峁坡中上部陡坡浅沟(W, 28°)
	8	34(1)半阳向峁坡中上部陡坡(W, 28°)
	9	34(2)半阳向峁坡中上部陡坡浅沟(WN15, 28°)
6	7	33(3)半阳向峁坡中上部陡坡小切沟(W, 28°)
	10	34(3)半阳向峁坡中上部陡坡小切沟(WN15, 28°)

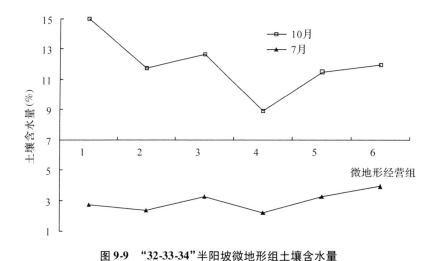

图9-9 "32-33-34"半阳坡微地形组土壤含水量

Fig. 9-9　SWC of microterrain groups on "32-33-34"semi-sunny slope

10. 3. 2. 1. 4 "18'-18"坡面植被配置依据

"18'-18"坡面4类相似的微地形组(见本书8.2.1.4内容)中,经营组1峁坡基部平缓坡,7月和10月含水量分别达到6.55%和14.94%,明显较其他3类经营组含水量高很多,盖度80%,且地上生物量也比较大174.12g/m²,坡面很缓,适宜营建稀乔灌木林。经营组2缓坡平缓坡浅沟和经营组3(极)陡坡小切沟,虽然含水量比较低,但植被生长好,生物量达到195.89 g/m²,适应营造稀疏灌木(间距3m);经营组4(极)陡坡坡面浅沟,土壤含水量最低7月和10月平均含水量分别为4.10%和11.95%,植被生长最差,生物量130.39 g/m²,不适宜大面积经营灌木,所以,采用稀疏灌木带与草木带状混交。

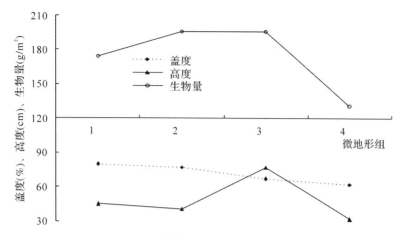

图 9-10　"18′—18"半阳坡微地形经营组植被生长量

Fig. 9-10　Vegetation growth of microhabitat groups on "18′—18"semi-sunny slope

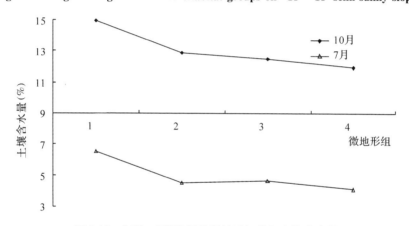

图 9-11　"18′—18"半阳坡微地形经营组土壤含水量

Fig. 9-11　SWC of microterrain groups on "18′—18"semi-sunny slope

9.3.2.1.5　"17"坡植被配置依据

17 半阳向峁坡 9 个观测量分为 5 大经营组(见本书 8.2.1.5 内容),第 1 经营组是峁基平缓坡,7 月份和 10 月份土壤含水量最大分别是 6.20%、15.09%,草被生长良好,盖度 75%。但是此处风力较大,所以,植被应以建立灌林木为主。第 2 经营组峁坡基部平缓坡浅沟,浅沟生长有榆树,且 7 月份土壤含水量 4.93%、10 月份 13.16%,植被配置应以稀乔/灌为主。经营组 3 由陡峁坡及浅沟组成,土壤含水量最低,7 月份和 10 月份分别为 4.39% 和 11.91%,草被生长较差,平均盖度、高度和地上生物量分别是 55.00%、26cm、102.98g/m²,建议营建稀灌带与草带混交。第 4 经营组属于陡坡极陡坡小切沟,土壤含水量虽然比较低,7 月和 10 月份含水量分别为 4.30%、11.54%,但是,植被生长相对最好,稀疏分布有扁核木、白极梢灌木,盖度、高度、生物量分别 70.00%、68.33cm、179.86g/m²,所以,在小切沟可以栽植稀疏乔木或灌木单株或几株。经营组 5 是过渡的极陡坡,土壤含水量最低、植被生长最差，坡面面积比较小，可以撒播灌草种子封育起来，促进草被的生长，形成一个灌草混交的林分。

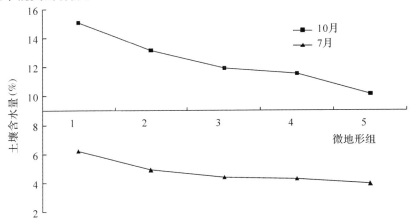

图 9-12　17 半阳坡微地形组土壤含水量

Fig. 9-12　SWC of microterrain groups on "17" semi-sunny slope

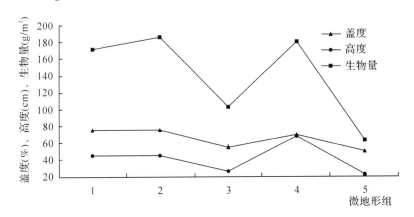

图 9-13　17 半阳坡微地形经营组植被生长量

Fig. 9-13　Vegetation growth of microterrain groups on "17" semi-sunny slope

9.3.2.2　半阳坡植被配置结构

　　根据典型半阳坡微地形分类体系，结合植被生长现状和演替规律，制定今后植被配置结构。乔木配置以侧柏、河北杨、榆树、臭椿为主；灌木可选择扁核木、沙棘、杠柳、白刺花、文冠果、紫穗槐、柠条和小灌木胡枝子等；草本以保护为主，可撒播茭蒿、铁杆蒿、针茅、白羊草等。

表 9-5 半阳坡微地形植被配置

Tab. 9-5 Vegetation arranagement of microrelief types on semi-sunny slope

立地 类型	微地形 类型组	微地形 类型	植被配置	
			模式	备选植物种
Ⅰ 梁峁顶 平缓坡	1 梁峁顶平 缓坡	(1)峁梁顶平缓坡 (2)及坡基平台	灌木林，株间距 1m	紫穗槐、杠柳、沙棘、扁核木
Ⅱ半阳向 陡坡	2 陡坡	(2)陡坡及浅沟	灌草带状混交，灌木株间距 2m	沙棘、白刺花 紫穗槐
		(3)陡坡小切沟	株距 2.5m(1-3 株)灌木	
	3 极陡坡	(4)极陡坡切沟、小切沟	灌木株距 2.5m 灌木	杠柳、扁核木
		(5)极陡坡及浅沟	稀疏灌木带与天然草混交	
	4 坡基缓坡	(6)峁坡基平缓坡及浅沟	稀疏灌木林	沙棘、文冠果、紫穗槐
		(7)峁坡基缓坡及浅沟	稀疏灌木带与天然草(带)混交	
Ⅲ 半阳向 极陡坡	5 极陡坡	(8)极陡坡切沟、小切沟	株距 2.5m 灌木行	沙棘、紫穗槐、柠条、
		(9)极陡坡及浅沟	稀疏灌木带与天然草混交	
	6 陡坡	(10)陡坡及浅沟	稀疏灌木行	
		(11)陡坡小切沟	株距 2.5m(1～3 株)灌木	
	7 坡基缓缓坡	(12)峁坡基平缓坡及浅沟	稀疏灌木林	紫穗槐、杠柳、沙棘、扁核木
		(13)峁坡基缓坡及浅沟	稀疏灌木带与天然草混交	
Ⅳ 峁基 缓坡	8 峁基平缓坡	(14)峁基平缓坡	乔木林(株行距 3.0m)	侧柏、白榆、文冠果
	9 峁基缓坡	(15)峁基平缓坡浅沟	稀疏乔木行或乔灌行混交	
		(16)峁基缓坡及浅沟	灌木林	文冠果、臭柏
Ⅴ半阳向 急陡沟坡	10 大小切沟	(17)急陡沟坡大小切沟	稀疏乔/灌木＋天然草被	小叶杨、侧柏、沙棘、紫穗槐
	11 沟坡	(18)急/极陡沟坡	人工撒播灌草种子	柠条、杠柳、茭蒿、铁杆蒿
		(19)大切沟极/急陡沟阳坡 大切沟极/急陡沟阴坡	封育或人工撒播灌草种子 人工撒草改良草被	茭蒿、白羊草

9.3.3 半阴坡微地形植被的配置

9.3.3.1 半阴坡微地形植被配置依据

9.3.3.1.1 "7-8-9"坡面配置依据

"7-8-9"半阴坡土壤含水量平均值从大到小的排序 10 月份(12.59%)＞5 月份(10.34%)＞9 月份(8.66%)＞7 月份(4.14%)；各个微地形经营组也遵循这个规律；各类型组间土壤含水量变异系数排序为 7 月份(0.172)＞10 月份(0.059)、9 月份(0.052)＞5 月份(0.030)，7 月上旬雨季来临之前，土壤含水量最低，往往是造成造林成活率和保存率低的主导因素；植被盖度 68.5%~90%，变异系数最小 0.183，植被高度 25～80cm，变异系数最大 0.912，地上部分生物量在 106.29～190.07g/m² ，变异系数 0.039。所以，可以综合考虑土壤含水量和植被生长各个指标的基础上，重点从 7 月份土壤含水量和植被高度考虑植被经营方略。

根据观测量不同季节土壤水分和植被生长因素聚类或增加坡向和坡度信息综合聚类，微地形类型组划分为 6 类比较合适（见本书 8.2.2.1 内容）。

第 1 经营类型 7、9、10 月份含水量都是最高的，5 月含水量次高，7 月含水量 5.17%。即总体来说峁顶平缓坡土壤含水量较高，植被盖度 70%，但是，由于高度较矮 20cm，导致地上生物量较少 117.03g/m²，结合植被演替规律，应建立灌草混交植被或灌木林。第 2 经营类型 5、7、9、10 月份土壤含水量在 6 类中都处于居中位置，7 月含水量次低 4.17%，且植被生长最差，平均盖度 68.75%、平均高度 32cm，地上生物量 109.27g/m²，所以植被建设以稀疏灌木带 + 草被为主，如每隔 4~5m 草带，营造 2~3m 灌木带。

第 3 经营类型 5 月、9 月、10 月含水量都是最低，7 月含水量次低 3.95%，总体来说半阴向陡坡面上小切沟土壤含水量较低，但是，小切沟上现在生长有扁核木灌木，灌草植被盖度 80%，高度 52cm，地上生物量 137.14g/m²，所以，植被配置应在小切沟内保持天然草被的基础上，在没有灌木的地方稀疏栽植灌木，形成疏灌草被。

第 4 经营类型 7、9、10 月份含水量比较低，5 月份含水量虽然较高 10.72%，但是 7 月含水量最低 3.22%；植被生长最差，盖度 75%、高度 25cm，地上生物量 106.29g/m²，再加上半阴向沟坡坡度急陡达到 46°，所以，应保护现有草被，封育促进植被自然恢复。

第 5 经营类型 10 月份土壤含水量最高达 13.66%，而 5、7、9 月份含水量居中，7 月含水量 4.16%；草被生长较好，盖度 80%，地上生物量 135.14g/m²，沟底平缓坡营造乔灌木混交林。第 6 经营类型 5、7、9、10 月份土壤含水量在 6 类中都处于居中位置，7 月含水量 4.17%。半阴向沟坡切沟底植被生长最好，盖度达到 90%、高度达到 80cm，地上生物量达到 190.07g/m²，期间生长有灌木扁核木。所以，应在不破坏现有草被条件下，营建"稀乔 + 灌木"植被。

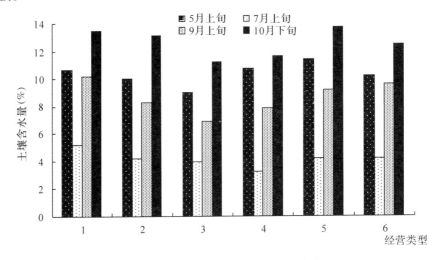

图 9-14　"7-8-9"半阴坡微地形组土壤含水量

Fig. 9-14　SWC of microterrain groups on "7-8-9" semi-sunny slope

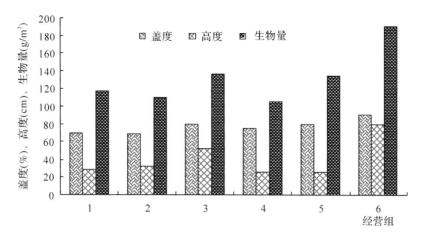

图 9-15 "7-8-9"半阴坡微地形经营组植被生长量

Fig. 9-13 Vegetation growth of microterrain groups on "7-8-9"semi-sunny slope

9.3.3.1.2 "27-28"坡面植被配置依据

"27-28"半阴坡分为6个类型组(见本书8.2.2.2),第1半阴峁坡面及浅沟组、第2半阴峁(极)/陡坡小切沟和沟坡大切沟底组和第3下部极陡峁坡及缓坡浅沟组相比较,第2组土壤含水量7月初4.77%,10月底14.61%,但植被生长最好,平均盖度78%,高度67cm,生物量170.02g/m²;第1组和第2组土壤含水量差异不大,7月初4.57%、10月份14.65%,植被较差一些,高度、盖度和生物量分别是43.6cm、69%和132.81g/m²;第3组土壤含水量比较大,7月和10月分别达到5.49%和15.02%,但植被生长相对较差,高度仅有25cm,生物量109.31g/m²。所以,半阴峁坡面及浅沟比较适合配置稀疏的灌木林,半阴

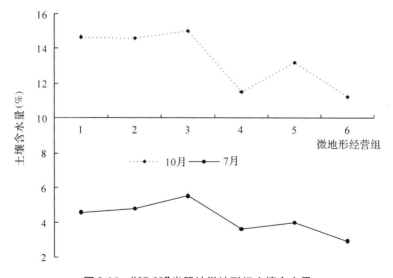

图 9-16 "27-28"半阴坡微地形组土壤含水量

Fig. 9-16 SWC of microterrain groups on "27-28"semi-sunny slope

峁(极)/陡坡小切沟和沟坡大切沟底配置稀疏的灌木行，极陡峁坡及缓坡浅沟配置灌木带或行。第4半阴急陡沟坡组、第5沟坡大切沟急陡阴坡和第6沟坡大切沟急陡阳坡相比较，第4组土壤含水量低，7月和10月含水量3.64%和11.50%，但植被生长较好，生物量106.64g/m²，在做好封育的同时，撒草种和稀疏栽植灌木均可。第5沟坡大切沟急陡阴坡，土壤含水量第4组较第5组高，但植被生长比沟坡差，与第6组差异不大，因此，可以稀疏栽植灌木。第6沟坡大切沟急陡阳坡，不仅土壤含水量最低，7月2.94%和10月11.25%，植被生长最差，盖度20%，生物量65.88g/m²，而且坡面破碎陡峭，封育保护最好。

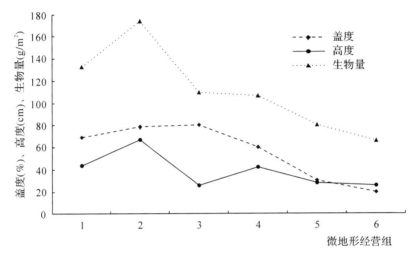

图 9-17　"27-28"半阴坡微地形组植被生长量

Fig. 9-17　Vegetation growth of microterrain groups on "7-8-9"semi-sunny slope

9.3.3.1.3　"30-31"半阴坡植被配置依据

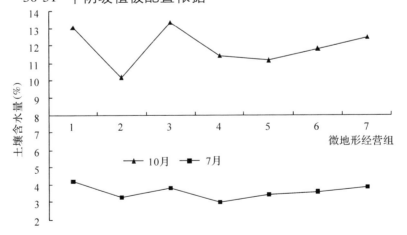

图 9-18　"30-31"半阴坡微地形组土壤含水量

Fig. 9-18　SWC of microterrain groups on "30-31"semi-sunny slope

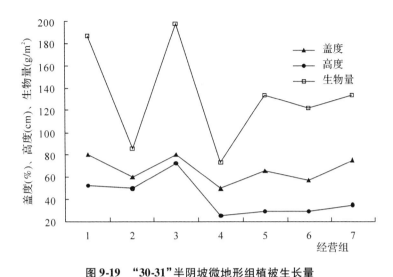

图 9-19 "30-31"半阴坡微地形组植被生长量

Fig. 9-19 Vegetation growth of microterrain groups on "30-31"semi-sunny slope

微地形分为 7 个经营组(见本书 8.2.2.3 内容),第 1 经营组切沟极陡阴坡,7 月和 10 月份土壤含水量都比较高,7 月土壤含水量 4.20%,植物生长茂盛,盖度达到 80%,坡度 37°。所以,以灌木林建设为主。第 2 经营组极陡切沟阳坡,7 月和 10 月土壤含水量和地上生物量在这 7 类中均处于最低的水平,分别为 3.26%、10.19% 和 85.68g/m²,切沟阳坡含水量最低、植被生长较差。所以,切沟阳陡坡应以封育保护为主。第 3 经营类型包括沟坡切沟底和极陡坡小切沟,不仅土壤含水量高,而且植被生长最好,7 月和 10 月土壤含水量分别为 3.78%、13.33%,植被盖度、高度和地上生物量分别为 80%、72.50cm 和 197.52 g/m²,应经营稀乔灌草植被。第 4 经营组半阴急陡沟坡,10 月土壤含水量次低 11.42%、7 月土壤含水量最低 2.96%、植被生长最差。半阴向沟坡坡度极陡达到 40°,坡面起伏变化大,所以,可以进行稀灌或封育保护。第 7 经营类型是陡坡基部平缓坡和缓坡,水分较好、植被生长茂盛,但宽度较窄。所以,可以营建数行灌木带。第 5 经营类型是峁坡下部缓坡及其浅沟,半阴缓坡营造稀灌木林;第 6 经营类型陡(急)坡及其浅沟,因坡度相差较大,半阴向陡坡配置灌草带状混交植被。

9.3.3.1.4 "22-23"半阴坡植被配置依据

7 种经营类型组(见本书 8.2.2.4 内容)中,微地形经营组 4 峁坡中部极陡坡,是两个坡面的过度坎,植被生长低矮,生物量仅仅 60.51g/m²,土壤含水量 7 月和 10 月都相对较高,分别达到高 5.45% 和 16.55%,这种破碎的坡面容易造成水土流失,而形成小切沟,所以,应该加强保护,极陡坡上部栽植灌木数行,破碎的坡面栽植灌木;经营组 5 半阴向沟坡切沟半阳坡面,土壤含水量低,植被生长差,坡面极陡而破碎,应封育保护恢复植被;经营组 3 峁坡中部陡坡及其浅沟,7 月土壤含水量最高 5.68%,10 月土壤含水量也较高 14.56%,但是植被生长差,建议营造灌木林;经营组 2 为峁坡上部陡坡基平台和小切沟,植被生长最好,平均盖度 77.5%,植被高度 70cm,地上部分生物量 173.03g/m²,土壤含水量较高,可

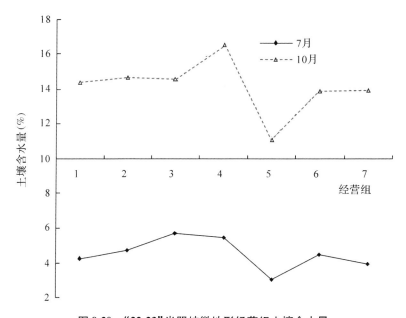

图 9-20　"22-23"半阴坡微地形经营组土壤含水量

Fig. 9-20　SWC of microterrain groups on "22-23"semi-sunny slope

栽植灌木行；经营组 6、7 分别是半阴向沟坡切沟半阴坡面和半阴向沟坡切沟底，土壤含水量较高，植被生长较好，切沟底配置稀乔 + 灌草植被，切沟半阴坡面栽植灌木带。

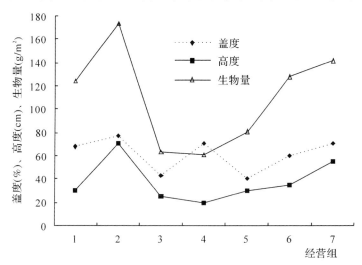

图 9-21　"22-23"半阴坡微地形经营组植被生长量

Fig. 9-21　Vegetation growth of microterrain groups on "22-23"semi-sunny slope

9.3.3.1.5　"4-5"坡植被配置依据

坡面微地形分为 6 个经营组（见本书 8.2.2.5 内容）急陡沟坡与切沟陡阴坡为经营组 1，7 月和 10 月土壤含水量较低，分别为 3.43%、13.49%，植被生长一般，但两者坡度差异明显，急陡沟坡坡度大，切沟阴坡坡面破碎，植被建设以封育保护为主，可适当考虑稀植灌木。经营组 2 峁坡基部的缓坡浅沟切沟底归并为一类，浅沟与上坡的小切沟相连且深度较深 1.0m、水分含量高，7 月和 10 月平均含水量较高 5.75%、14.30%，植被生长最好，平均盖度、高度和生物量分别达到 80.00%、47.50cm 和 183.81g/m²，散生有扁核木等灌木，植被配置以不破坏原有草被条件下，栽植稀乔 + 灌木林，形成稀乔灌木相结合的人工 + 自然植被。经营组 3 半阴向切沟阳坡土壤含水量最低，7 月少于 3.40%、10 月少于 11.33%，植被盖度、高度和地上生物量也最差，封育保护或人工播（草灌）种，促进植被自然恢复。

经营组 4 是峁坡基缓坡面和峁陡坡及浅沟，现阶段土壤含水量和植被生长相适应，可以经营灌木林。经营组 5 是两个长坡面的过渡急陡短坎，虽然土壤含水量最高，7 月和 10 月含水量分别达到 5.92%、16.98%，但是植被生长与切沟阳坡相近，由于坡面起伏和破碎，坡度高达 49°，为了预防造林过程造成新的水土流失，植被经营仍以封育保护为主，人工播（草灌）种为辅，促进植被恢复。经营组 6 半阴向峁坡上部陡坡小切沟，土壤含水量与第 4 经营类型基本相同、植被生长较好，所以，在小切沟配置单株乔或稀疏灌木。

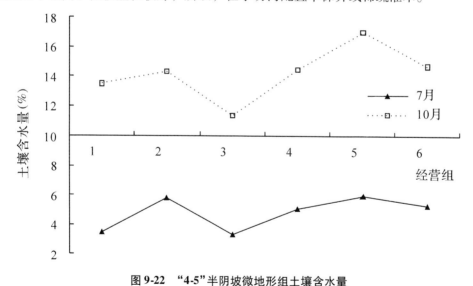

图 9-22　"4-5"半阴坡微地形组土壤含水量

Fig. 9-22　SWC of microterrain groups on "4-5"semi-sunny slope

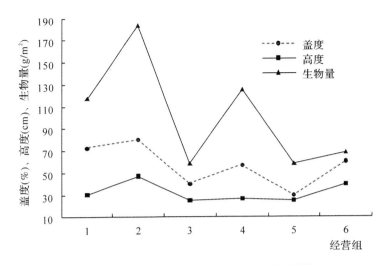

图 9-23 "4-5"半阴坡微地形经营组植被生长量

Fig. 9-23 Vegetation growth of microterrain groups on "4-5"semi-sunny slope

9.3.3.2 半阴坡微地形植被的配置

在构建半阴坡微地形体系及微地形组植被和土壤含水量评价基础上，提出相应的植被结构，植物种选择方面，乔木配置以河北杨、榆树、臭椿、油松为主，灌木可选择扁核木、黄刺玫、丁香、连翘、沙棘、杠柳、紫穗槐和小灌木胡枝子等，草本以保护为主，可撒播茭蒿、铁杆蒿、针茅、百里香等。

表 9-6 半阴坡微地形植被配置模式

Tab. 9-6 Vegetation arranggement of microrelief types on semi-shady slope

立地类型	微地形类型组	微地形	植被配置	
			配置模式	备选植物种
Ⅰ 半阴向急陡沟坡	1 急陡沟坡	(1) 急陡沟坡	封育为主撒草种为辅，或株间距 2m 的稀疏灌木	沙棘、紫穗槐、臭柏、连翘等
	2 切沟极陡阴坡	(2) 切沟极/急陡(半) 阴坡	株间距 2m 的稀植灌木林	
	3 切沟底	(3) 切沟底	栽植稀乔 + 灌木混交林；乔木株间距 2～3m，灌木株间距 1～2m	油松、旱柳、紫穗槐、扁核木、连翘等
	4 切沟极/急陡阳坡	(4) 切沟急陡(半)阳坡	封育为主、人工散播促进恢复为辅	柠条、白刺花、沙打旺、茭蒿等
	5 沟底平缓坡	(5) 半阴沟底平缓坡	乔木林株间距 2～3m	油松、河北杨、旱柳等
Ⅱ 半阴向缓坡	6 峁坡基部缓坡	(6) 峁坡基部的缓坡浅沟	稀乔株间距 3m + 灌木株间距 1m	油松、旱柳、连翘、黄刺玫等
		(7) 峁坡基部缓坡	1～2 行乔木，株间距 2～3m	油松、河北杨等

（续）

立地类型	微地形类型组	微地形	植被配置	
			配置模式	备选植物种
Ⅲ半阴向陡坡	7 陡坡	(8)陡坡及浅沟	灌草带状混交	紫穗槐、杠柳、白刺花等
		(9)陡坡小切沟	1~3 株间距 3m 的乔木 + 株间距 2m 灌木	河北杨、白榆、臭椿、黄刺玫等
		(10)陡坡基小平台	乔木 2~3 行，株间距 2m	油松、河北杨
		(11)极陡坡	5 行灌木带（株间距 1m） + 3m 草带混交	黄刺玫、紫穗槐、沙棘、连翘、白刺花等
		(12)极陡坡浅沟	株间距 1.5m 单行灌木	油松、白榆、紫穗槐、黄刺玫等
		(13)极陡坡小切沟	单株乔木或稀乔灌植被，乔木间距 3m，灌木间距 1m	沙棘、柠条、白刺花等
		(14)急陡过渡岇坡	灌木 1~2 行，株距 1m	连翘、臭柏
		(15)岇下部缓坡	灌木林，株距 1m	
Ⅳ岇顶平缓坡	8 平缓坡	(16)梁顶平缓坡	灌草混交灌木林。灌木株间距 1m	沙棘、黄刺玫、连翘、紫穗槐、苜蓿、沙打旺等

9.4　小　结

（1）地带性植被属于森林灌丛草原或称森林草原带稀树草原区，研究区位于植被带的北部，天然植被以草原为主。

（2）植物群落演替顶级一般认为是茭蒿、铁杆蒿等多年生草被，周边地区 40 年可发展到白刺花、沙棘等灌丛，吴起隐域局部地方有沙棘、丁香、白刺花灌丛或白榆或松柏类片林。

（3）植被恢复长期目标是生态系统自身可持续性的恢复，陕北南部干旱森林区阳坡恢复侧柏林、阴坡辽东林或辽东栎与油松林；陕北北部森林草原区以恢复成沙棘灌木林、白刺花、杠柳灌木林或稀灌茭蒿、铁杆蒿、白羊草、胡枝子草被为主，条件好的地方可以营造侧柏林和油松林等。针对不同退化阶段或植物群落演替阶段，确定不同的短期恢复目标。

（4）退耕 10 年的草地，植被短期应发展成稀乔疏灌草被，乔木配置以小叶杨、河北杨、榆树、臭椿、油松、侧柏为主，灌木可选择扁核木、沙棘、紫穗槐、连翘、黄刺玫、丁香、白刺花、文冠果和小灌木胡枝子等，草本以保护为主，可撒播茭蒿、铁杆蒿、针茅、白羊草、百里香等。

（5）阳、半阳和半阴典型坡面，植被配置结构沟底以乔灌结合，洼地乔木株、沟底灌木带；半阴岇陡坡灌乔结合，以灌为主，坡面和浅沟灌木林、小切沟配置乔木；阳半阳岇陡坡草灌结合，以草为主，沿等高线配置灌木带，形成人工灌木与天然草被带状混交，浅沟稀植灌木；沟坡及切沟坡以封育为主，人工撒播草种，改良现有天然草地。

（6）根据半阳和半阴坡 36 个微地形类型，分别提出植被配置的结构，条件好的沟底以稀乔灌木植被为主，缓坡和平缓坡以灌木林为主，沟底或峁坡基部的平缓坡可栽植散生的乔木，沟坡及其切沟两侧坡面以封育为主，也可以配置稀疏灌木或撒播草种促进自然恢复。

黄土丘陵沟壑区微地形特征及植被配置

植物种及拉丁学名

1. 阿尔泰狗娃花　*Heteropappus altaicus*(Willd.)Novop.
2. 白羊草　*Bothriochloa ischcemum*(L.)Keng
3. 百里香　*Thymus mongolicus* Ronn.
4. 抱茎苦荬菜　*Ixeris sonchifolia* Hance.
5. 扁核木　*Prinsepia uniflora* Batal.
6. 冰草　*Agropyron cristatum* Linn.
7. 糙叶黄芪　*Astragalus scaberrimus* Bge.
8. 草木樨状黄芪　*Astragalus melilotoides* Pall.
9. 侧柏　*Platycladus orientalis*(L.)Franco
10. 柴胡　*Bupleurum chinense* DC.
11. 刺儿菜　*Cirsium setosum* Willd.
12. 长芒草　*Stipa bungean*
13. 刺槐　*Robinia pseudoacacia* L.
14. 达乌里胡枝子　*Lespedeza davurica*(Laxm.)Schindl.
15. 灯芯草　*Juncus effusus* L. var. *decipiens* Buch
16. 地丁　*Corydalis bungeana* Turcz.
17. 杜梨　*Pyrus betulaefolia* Bunge
18. 二裂委陵菜　*Potentilla bifurca* Linn.
19. 防风　*Saposhnikovia divaricata*(Turcz.)Schischk.
20. 甘草　*Glycyrrhiza uralensis* Fisch.
21. 狗尾草　*Setaria viridis*(L.)Beauv.
22. 旱柳　*Salix matsudana* Koidz.
23. 河北杨　*Populus hopeiensis* Hu et Chow
24. 黑水亚麻　*Linum amurense* Alet.
25. 红纹马先蒿　*Pedicularis striata* Pall.
26. 黄蒿　*Artemisia annua* Linn.
27. 黄花菜　*Hemerocallis citrina* Baroni
28. 黄花铁线莲　*Clematis intricata* Bunge
29. 黄芪　*Astragalus membranaceus*(Fisch.)Bunge
30. 火绒草　*Leontopodium leontopodioides*(Willd.)Beauv.

31. 茭蒿 *Artemisia giraldii* Pamp.

32. 苦荬菜 *Ixeris denticulata*（Houtt.）Stebb.

33. 赖草 *Leymus secalinus*（Georgi）Tzvel.

34. 老牛筋 *Arenaria juncea*

35. 冷蒿 *Artemisia frigida* Willd.

36. 列当 *Orobanche caerulescens* Steph.

37. 琉璃草 *Cynoglossum zeylanicum*（Vahl）Thunb. ex Lehm.

38. 芦苇 *Phragmites communis* Trin.

39. 麻花头 *Serratula centauroides* Linn.

40. 柠条 *Caragana korshinskii* kom.

41. 蓬子菜 *Galium verum* Linn.

42. 蒲公英 *Taraxacum officinale*

43. 鳍蓟 *Olgaea leucophylla*（Turcz.）Iljin

44. 秦艽 *Gentiana macrophylla* Pall.

45. 沙参 *Adenophora capillaris* Subsp.

46. 沙棘 *Hippophae rhamnoides* Linn.

47. 山丹 *Lilium pumilum* DC.（L. tenuifolium Fisch.）

48. 山桃 *Amygdalus davidiana*（Carr.）C. de Vos ex Henry.

49. 山莴苣 *Lactuca indica* Linn.

50. 山杏 *Armeniaca sibirica*（L.）Lam.

51. 鼠掌老鹳草 *Geranium sibiricum* Linn.

52. 铁杆蒿 *Artemisia sacrorum* Ledeb.

53. 委陵菜 *Potentilla chinensis* Seringe

54. 小叶杨 *Populus simonii* Carr.

55. 星毛委陵菜 *Potentilla acaulis* Linn.

56. 野韭菜 *Allium japonicurn* Regel

57. 茵陈蒿 *Artemisia capillaris* Thunb.

58. 油松 *Pinus tabulaeformis* Carr.

59. 榆树 *Ulmus pumila* L.

60. 远志 *Polygala tenuifolia* Willd.

61. 早熟禾 *Poa annua* Linn.

62. 窄颖赖草 *Leymus angustus*（Trin.）Pilger

63. 针茅 *Stipa capillata* Linn.

64. 中华隐子草 *Cleistogenes chinensis*（Maxim.）Keng

65. 紫穗槐 *Amorpha fruticosa* Linn.

66. 醉鱼草 *Buddleja lindleyana* Linn.

67. 猪毛菜 *Salsola collina*

68. 猪毛蒿 *Artemisia scoparia*

参考文献

[1] 白文娟，焦菊英，马祥华，等. 黄土丘陵沟壑区退耕地自然恢复植物群落的分类与排序[J]. 西北植物学报. 2005，25(7)：1317~1322.

[2] 蔡海生，陈美球，赵小敏. 脆弱生态环境脆弱度评价研究进展[J]. 江西农业大学学报，2003，25(2)：270~275.

[3] 陈洪涛，赵鹏祥，詹晓红，等. 吴起县森林资源景观格局分析[J]. 安徽农业科学，2008，36(21)：8922~2924，8927.

[4] 昌玮. 模糊模型识别及其在土地质量评价中的应用[J]. 数学的实践与认识，1983，12(1)：1~8.

[5] 陈光伟. 黄土高原重点治理区资源与环境遥感调查研究. 黄土高原重点治理区土地资源遥感调查[M]. 北京：电子工业出版社，1994.

[6] 陈浩，方海燕，蔡强国，等. 黄土丘陵沟壑区沟谷侵蚀演化的坡向差异——以晋西王家沟小流域为例[J]. 资源科学，2006，28(5)：176~184.

[7] 陈燕，齐清文，汤国安. 黄土高原坡度转换图谱研究[J]. 干旱地区农业研究，2004，22(3)：180~185.

[8] 陈永宗. 黄河中游黄土丘陵区的沟谷类型[J]. 地理科学，1984，4(4)：321~327.

[9] 陈云明，梁一民，程积民. 黄土高原林草植被建设的地带性特征[J]. 植物生态学报，2002，26(3)：339~345.

[10] 程宏，伍永秋. 切沟侵蚀定量研究进展[J]. 水土保持学报，2003，17(5)：32~35.

[11] 程宏，王升堂，伍永秋，等. 坑状浅沟侵蚀研究[J]. 水土保持学报，2006，20(2)：39~41，58.

[12] 程积民，万惠娥，杜锋. 黄土高原半干旱区退化灌草植被的恢复与重建[J]. 林业科学，2001，137(14)：50~57.

[13] 程伟民. 海南省旅游地评价及其开发研究[J]. 自然资源学报，1994，9(2)：131~141.

[14] 龚家国，王文龙，郭军权. 黄土丘陵沟壑区浅沟水流水动力学参数实验研究[J]. 中国水土保持科学，2008，6(1)：93~100.

[15] 顾云春，李永武，杨承栋. 森林立地分类与评价的立地要素原理与方法[M]. 北京：科学出版社，1993：13~21.

[16] 关君蔚. 华北松橡混交林区石质山地的土壤和造林的立地条件：营林试验研究资料(林业部林业科学研究所编)[M]. 北京：中国林业出版社，1957，22~37.

[17] 郭晋平，肖扬，张剑英，等. 聚类分析法在森林立地分类中的应用[J]. 林业科学，1994，30(6)：513~518.

[18] 何福红，黄明辉，党廷辉. 黄土高原沟壑区小流域土壤水分空间分布特征[J]. 水土保持通报，2002，22(4)：6~9.

[19] 侯庆春，韩蕊莲，李宏平. 关于黄土丘陵典型地区植被建设中有关问题的研究[J]. 水土保持研究，2000，7(2)：102~110.

[20]侯喜禄，梁一民，白岗栓，等. 黄土丘陵沟壑区主要造林树种人工林分类型，中日黄土高原生物生产力可持续开发合作项目学术论文专集[M]. 西安：陕西科学技术出版社，1998，95～102.

[21]胡刚，伍永秋，刘宝元，等. 东北漫川漫岗黑土区浅沟和切沟发生的地貌临界模型探讨[J]. 地理科学，2006，26（4）：449～454.

[22]胡刚，伍永秋，刘宝元，等. 东北漫岗黑土区浅沟侵蚀发育特征[J]. 地理科学，2009，29（4）：545～549.

[23]胡刚，伍永秋，刘宝元，等. 东北漫岗黑土区切沟侵蚀发育特征[J]. 地理学报，2007，62（11）：1165～1173.

[24]胡国俊，敖立军，郑福金. 浅谈侵蚀沟造林技术[J]. 国土与自然资源研究，2003，1：80～83.

[25]胡伟. 灰色关联度分析在土地评价中的应用，自然地理学与中国区域开发[M]. 武汉：湖北教育出版社，1990.

[26]胡忠朗，王廷正. 黄土高原林区鼠害综合管理研究[M]. 西安：西北大学出版社，1995，139～150.

[27]黄建辉，白永飞，韩兴国. 物种多样性与生态系统功能：影响机制及有关假说[J]. 生物多样性，2001，9（1）：1～7.

[28]黄土高原课题协作组. 黄土高原立地条件类型划分和适地适树研究报告[M]. 北京：北京林学院，1984，1～95.

[29]R. H. 惠特克. 植物群落分类[M]. 北京：科学出版社，1985，60～80.

[30]贾燕锋，焦菊英，张振国，等. 黄土丘陵沟壑区沟沿线边缘植被特征初步研究[J]. 中国水土保持科学，2007，5（4）：39～43.

[31]姜永清，王占礼，胡光荣，等. 瓦背状浅沟分布特征分析[J]. 水土保持研究，1999，6（2）：181～184.

[32]蒋定生. 黄土高原水土流失与治理模式[M]. 北京：中国水利水电出版社，1997，45～64.

[33]焦菊英. 黄土丘陵沟壑区退耕地植物群落与土壤环境因子的对应分析[J]. 土壤学报，2005，9（5）：744～752.

[34]蒋建军，倪绍祥，韦玉春. GIS 辅助下的环青海湖地区草地蝗虫生境分类研究[J]. 遥感学报，2002，6（5）：387～392.

[35]李斌兵，郑粉莉，张鹏. 黄土高原丘陵沟壑区小流域浅沟和切沟侵蚀区的界定[J]. 水土保持通报，2008，28（5）：16～20.

[36]李代琼，黄瑾，刘国彬，等. 安塞黄土丘陵区优良草种引种试验研究，中日黄土高原生物生产可持续开发合作项目学术论文专集[M]. 西安：陕西科学技术出版社，1998，165～124.

[37]李芳兰，包维楷，庞学勇，等. 岷江干旱河谷 5 种乡土植物的出苗、存活和生长[J]. 生态学报，2009，29（5）：2220～2229.

[38]李福双，鲁少波，魏洪杰. 模糊数学在适地适树决策方法中的应用[J]. 河北林果研究，2006，21（3）：284～286.

[39]刘建军，王得祥，雷瑞德，等. 陕北黄土丘陵沟壑区植被恢复与重建技术对策[J]. 西北林学院学报，2002，17（3）：12～15.

[40]李丽霞，梁宗锁，王俊峰. 土壤水分和风速对沙棘苗木水分状况和成活率影响的实验研究[J]. 沙棘，1999，12（4）：18～21.

[41]李勉，李占斌，丁文峰，等. 黄土坡面细沟侵蚀过程的示踪[J]. 地理学报，2002，57（2）：218～223.

[42]李世东，沈国舫，翟明普，等. 退耕还林重点工程县立地分类定量化研究[J]. 北京林业大学学报，

2005，27(6)：9～13.

[43]李艳梅，王克勤，陈奇伯，等. 金沙江干热河谷微地形改造对土壤水分运动参数的影响研究[J]. 水土保持研究，2008，15(4)：19～23.

[44]李艳梅，王克勤. 云南干热河谷微地形改造对土壤水分动态的影响[J]. 浙江林学院学报，2005，22(3)：259～265.

[45]李育材. 十年退耕催生吴起秀美山川——对陕西省吴起县退耕还林成功之路的思考[J]. 中国林业，2008，(12)：4～7.

[46]梁广林，陈浩，蔡强国，等. 黄土高原现代地貌侵蚀演化研究进展[J]. 水土保持研究，2004，4(11)：131～137.

[47]梁一民，陈云明. 论黄土高原造林的适地适树与适地适林[J]. 水土保持通报，2004，24(3)：69～72.

[48]梁一民. 从植物群落学原理谈黄土高原植被建造的几个问题[J]. 西北植物学报，1999，19(5)：26～31.

[49]廖咏梅，田茂洁，宋会兴. 植物群落的微生境研究[J]. 西华师范大学学报(自然科学版)，2004，125(3)：247～250.

[50]林业部造林设计局. 编制立地条件类型及设计造林类型[M]. 北京：中国林业出版社，1958.

[51]刘建军，薛智德. 森林立地分类及评价[J]. 西北林学院学报，1994，9(3)：79～84.

[52]刘明国，何富广，刘颖. 辽西河滩地杨树立地质量代换评价及适地适树的研究[J]. 沈阳农业大学学报，1994，25(2)：183～189.

[53]刘鹏举，朱清科，吴东亮，等. 基于栅格 DEM 与水流路径的黄土区沟缘线自动提取技术研究[J]. 北京林业大学学报，2006，28(4)：72～76.

[54]刘元保，朱显谟，周佩华，等. 黄土高原坡面沟蚀的类型及其发生发展规律[J]. 中国科学院西北水土保持研究所集刊，1988，(7)：9～18.

[55]刘增文，李雅素. 黄土残塬区侵蚀沟道分类研究[J]. 中国水土保持，2003，9：28～30.

[56]卢纹岱，吴喜之. SPSS for Windows 统计分析[M]. 北京：电子工业出版社，2007.

[57]罗菊春. 抚育改造是森林生态系统经营的关键性措施[J]. 北京林业大学学报，2006，28(1)：121～124.

[58]罗来兴. 划分晋西、陕北、陇东黄土区域沟间地与沟谷地的地貌类型[J]. 地理学报，1985，22(3)：201～222.

[59]罗汝英. 森林土壤学(问题和方法)[M]. 北京：科学出版社，1983，102～163.

[60]骆期邦，吴志德，肖永林. Richards 函数拟合多形立地指数曲线模型研究[J]. 林业科学研究，1989，2(6)：534～539.

[61]骆期邦，吴志德，肖永林. 立地质量的树种代换评价的研究[J]. 林业科学，1989，25(5)：410～419.

[62]骆期邦，吴志德，肖永林. 用立地质量评价的杉木标准蓄积量收获模型[J]. 林业科学研究，1989，2(5)：447～453.

[63]骆其邦. 立地质量的树种代换评价的研究[J]. 林业科学，1989，(5)：410～419.

[64]马宝霞，李景侠. 东灵山植物群落(乔木)物种多样性与微地形关系的研究[J]. 西北林学院学报，2006，21(6)：47～49.

[65]马明东，刘跃建. 应用4种数学方法对暗针叶云杉林分生境属性的研究[J]. 中国生态农业学报，

2006，14（1）：196~201.

[66]马明东，罗承德，张健，等. 云杉天然林分生境条件数量分类研究[J]. 中国生态农业学报，2006，14（2）：159~164.

[67]蒙吉军. 土地评价与管理[M]. 北京：科学出版社，2005；196~199.

[68]倪绍祥. 土地类型与土地评价概论[M]. 北京：高等教育出版社，1999，257~270.

[69]欧阳勋志，张志云，蔡学林，等. 江西省森林立地分类研究（Ⅱ）森林立地亚区特征概述[J]. 江西农业大学学报，1997，19（6）：45~50.

[70]潘学标，龙步菊. 黄土高原北部坡梁地微地形气候的温度变化特征研究[J]. 中国农学通报. 2005，22（12）：367~371.

[71]秦伟，朱清科，刘中奇，等. 黄土丘陵沟壑区退耕地植被自然演替系列及其植物物种多样性特征[J]. 干旱区研究，2008，25（4）：507~513.

[72]秦伟，朱清科，张宇清，等. 陕北黄土区生态修复过程中植物群落物种多样性变化[J]. 应用生态学报，2009，20（2）：403~409.

[73]秦国金，朱开宪，艾刚新，等. 运用系统工程划分森林立地类型[J]. 林业科学，2003，39（5）：52~60.

[74]盛建东，文启凯. 棉花土地适宜性评价指标体系研究与应用[J]. 干旱地区农业研究，1998，16（2）：19~15.

[75]史念海. 司马迁规划的农牧地区分界线在黄土高原上的推移及其影响[J]. 中国历史地理论丛，1999，（2）：7~36.

[76]史念海. 历史上的森林变化研究[J]. 中国历史地理论丛，1988，（1）：1~17.

[77]斯波尔，巴恩斯. 森林生态学[M]. 北京：中国林业出版社，1982，227~267.

[78]宋述军，李辉霞，张建国. 黄土高原坡地单株植物下的微地形研究[J]. 山地学报. 2003，21（1）：106~109.

[79]宋延洲. 禹县土地质量评价方法. 地理学与农业[M]. 北京：科学出版社，1983.

[80]宋永昌. 植被生态学[M]. 上海：华东师范大学出版社，2001.

[81]宋玉祥. 内蒙古兴安盟旅游资源评价[J]. 地理研究，1997，17（2）：35.

[82]苏平，田立博，戴永平，等. 适地适树指标量化决策的初步研究[J]. 东北林业大学学报，26（2）：82~85.

[83]孙强，薛智德. 黄土丘陵沟壑区植被分布恢复试验研究[J]. 水土保持研究，2006，13（2）：154~156.

[84]汤国安，杨勤科，张勇，等. 不同比例尺 DEM 提取地面坡度的精度研究——以在黄土丘陵沟壑区的试验为例[J]. 水土保持通报，2001，21（1）：53~56.

[85]唐克丽，张科利，雷阿林. 黄土丘陵区退耕上限坡度的研究论证[J]. 科学通报，2000，43（2）：200~203.

[86]唐克丽，张科利. 黄土丘陵区退耕上限坡度的研究论证[J]. 科学通报，1998，43（2）：200~203.

[87]陶国祥. 富宁县世行二期工程总体设计立地类型划分和应用研究[J]. 云南林业调查规划，1996，（1）.

[88]陶国祥. 南盘江中游杉木立地定量分类的研究[J]. 云南林业科技，1991.

[89]陶国祥. 森林系统立地学[M]. 昆明：云南科技出版社，2005：1~426.

[90]滕维超，万文生，王凌晖. 森林立地分类与质量评价研究进展[J]. 广西农业科学，2009，40（8）：

1110～1114.

[91]王红春，周海峰. 适地适树适宜度快速判定方法探讨[J]. 林业资源管理，2006，(13)：51～54.

[92]王进鑫，余清珠，高文秀，等. 半干旱黄土丘陵沟壑区造林整地工程集流分析[J]. 西北林学院学报，1992，7(2)：45～49.

[93]王礼先. 生态环境建设的内涵与配置[J]. 资源科学，2004，26：26～33.

[94]王明春，韩崇选，杨学军，等. 克鼠星1号防治甘肃鼢鼠试验研究[J]. 西北林学院学报，1999，14(2)：51～56.

[95]王让会，游先祥. 西部干旱内陆河流域脆弱生态环境研究进展[J]. 地球科学进展，2000，(1)：39～44.

[96]王文龙，雷阿林，李占斌，等. 土壤侵蚀链内细沟浅沟切沟流动力机制研究[J]. 水科学进展，2003，14(4)：471～475.

[97]王永安，王可安. 关于中国森林立地分类与中国森林立地类型两项研究的特征及意义[J]. 中南林业调查规划，15(3)：46～49.

[98]温仲明，焦峰，卜耀军，等. 黄土沟壑区植被自我修复与物种多样性变化——以吴旗县为例[J]. 水土保持研究，2005，12(1)：1～3.

[99]温仲明，杨勤科，焦峰. 水土保持对区域植被演替的影响[J]. 中国水土保持科学. 2005，03(1)，32～37.

[100]武敏. 坡面汇流汇沙与浅沟侵蚀过程研究[D]. 硕士学位研究生学位(毕业)论文. 杨陵：西北农林科技大学，2007.

[101]武敏，郑粉莉，黄斌. 黄土坡面汇流汇沙对浅沟侵蚀影响的试验研究[J]. 水土保持研究，2004，11(4)：74～76，90.

[102]肖晨超，汤国安. 黄土地貌沟沿线类型划分[J]. 干旱区地理，2007，30(5)：646～653.

[103]肖化顺，曾思齐. 基于粗糙集理论的立地类型分类规则探讨[J]. 中南林学院学报，2005，(6)：99～102.

[104]谢云，刘宝元，伍永秋. 切沟中土壤水分的空间变化特征[J]. 地球科学进展，2002，17(2)：278～282.

[105]徐怀同，王鸿喆，刘广全，等. 退耕还林后陕北吴起县植物区系研究[J]. 农业资源与环境科学，2007，23(7)：510～518.

[106]许建民. 黄土高原浅沟发育主要影响因素及其防治措施研究[J]. 水土保持学报，2008，22(4)：39～41.

[107]薛智德，梁一民，杨光. 侧柏紫穗槐混交理论与技术试验研究[J]. 水土保持研究，2000，7(2)：140～142.

[108]薛智德. 黄土丘陵沟壑区白刺花促进生态恢复研究[J]. 西北林学院学报，2002，17(3)：26～29.

[109]薛智德. 燕儿沟人工植被营造模式与快速建设研究[J]. 水土保持研究，2000，7(2)：128～132.

[110]阎海平，谭笑，孙向阳，等. 北京西山人工林群落物种多样性的研究[J]. 北京林业大学学报，2001，23(2)：16～19.

[111]杨华，刘家玲. 黄土区切沟治理水土保持效益的研究[J]. 北京林业大学学报，2001，23(2)：49～52.

[112]杨华. 山西吉县黄土区切沟分类的研究[J]. 北京林业大学学报，2001，23(1)：38～43.

[113]杨建伟，梁宗锁，韩蕊莲，等. 不同土壤水分含量对4个树种WUE的影响[J]. 西北林学院学报，

2004，19（1）：9～13.

[114]杨永川，达良俊，由文辉，等．浙江天童国家森林公园微地形与植被结构的关系[J]．生态学报，2005，25（11）：2830～2840.

[115]叶德敏，唐状如．国外森林立地与生产力论文集．林业部华东林业调查规划设计院科技情报室，1987.

[116]叶万辉．物种多样性与植物群落的维持机制[J]．生物多样性，2000，8（1）：17～24.

[117]余其芬，唐德瑞，董有福．基于遥感与地理信息系统的森林立地分类研究[J]．西北林学院学报，2003，18（2）：87～90.

[118]余清珠，王进鑫，高文秀．集流抗旱造林技术优化模式研究[J]．水土保持通报，1993，（4）：15～19.

[119]袁智敏，黄庆，汪江洪．一种新的综合评价方法——粗糙集灰色聚类评价[J]．统计与决策，2005，（09S）：25～26.

[120]曾光，杨勤科，张信宝．黄土丘陵沟壑区退耕地植被自然恢复过程—以吴起县双树沟流域为例[J]．中国水土保持科学，2008，6（3）：48～52.

[121]詹昭宁．森林生产力的评价方法[M]．北京：中国林业出版社，1981，2～58.

[122]张春锋，殷鸣放，刘海荣，等．灰色关联度在树种综合评价中的应用[J]．西北林学院学报，2007，22（1）：70～73.

[123]张海林．土壤质量与土壤可持续管理[J]．水土保持学报，2002，16（6）：119～112.

[124]张金屯．数量生态学[M]．北京：科学出版社，2004.

[125]张康健，孙长忠．Fuzzy聚类分析在造林立地分类中的应用[J]．林业科技通讯，1985.

[126]张科利，唐克丽．黄土高原坡面浅沟特征值的研究[J]．水土保持学报，1991，5（2）：8～13.

[127]张科利，唐克丽，王斌科．黄土高原坡面浅沟侵蚀特征值的研究[J]．水土保持学报，1991，5（2）：8～13.

[128]张科利，唐克丽．黄土高原坡沟侵蚀特征值的研究[J]．水土保持学报，1991，5（2）：9～13.

[129]张巧玲．农林作物土地适应性评价初探[J]．中国土地，1984，（3）：15～18.

[130]张文辉，李登武，刘国彬，等．黄土高原地区种子植物区系特征[J]．植物研究，2002，22（3）：373～379.

[131]张文辉，徐学华，李登武，等．黄土高原丘陵沟壑区狼牙刺群落恢复过程中的种间联结性研究[J]．西北植物学报，2004，24（6）：1018～1023.

[132]张晓丽，游先祥．应用"3S"技术进行北京市立地分类和立地质量的研究[J]．遥感学报，1998，2（4）：292～297.

[133]张雅梅，何瑞珍，安裕伦，等．基于RS与GIS的森林立地分类研究[J]．西北林学院学报，2005，20（4）：147～152.

[134]张永涛．石质山地不同条件的土壤入渗特性研究[J]．水土保持学报，2002，16（4）：123～126.

[135]张志云，蔡学林，杜天真，等．江西森林立地分类、评价及适地适树研究（总报告）[J]．江西农业大学学报，1997，19（6）：1～29.

[136]张志云，蔡学林，欧阳勋志，等．江西省森林立地分类研究（Ⅰ）森林立地亚区划分[J]．江西农业大学学报，1997，19（6）：31～44.

[137]张志云，蔡学林，欧阳勋志，等．江西省森林立地分类研究（Ⅲ）森林立地基层分类[J]．江西农业大学学报，1997，19（6）：51～61.

[138]赵彬. 西藏鲁朗森林立地分类的初步研究[J]. 应用生态学报, 1996, 7(增): 19~22.

[139]赵牡丹, 汤国安, 陈正江, 等. 黄土丘陵沟壑区不同坡度分级系统及地面坡谱对比[J]. 水土保持通报, 2002, 22(4): 33~36.

[140]郑粉莉, 武敏, 张玉斌, 等. 黄土陡坡裸露坡耕地浅沟发育过程研究[J]. 地理科学, 2006, 26(4): 438~442.

[141]中国森林立地分类编写组. 中国森林立地分类[M]. 北京: 中国林业出版社, 1989, 1~386.

[142]中国森林立地类型编写组. 中国森林立地类型[M]. 北京: 中国林业出版社, 1995, 1~1438.

[143]仲崇淇. 东北森林立地[M]. 哈尔滨: 东北林业大学出版社, 1990.

[144]朱红春, 等. DEM地形信息因子的量化关系模拟[J]. 山东科技大学学报(自然科学版), 2006, 25(2): 16~19.

[145]朱显谟. 黄土区土壤侵蚀的分类[J]. 土壤学报, 1956, 4(2): 99~115.

[146]邹厚远. 黄土高原植被保护和恢复利用途径的探讨[J]. 中国科学院西北水土保持研究所集刊, 1986, (3): 90~101.

[147]邹厚远. 陕北黄土高原植被区划及与林草建设的关系[J]. 水土保持研究, 2000, 7(2): 96~100.

[148]邹厚远, 刘国彬, 王晗生. 子午岭林区北部近50年植被的变化发展[J]. 西北植物学报, 2002, 22(1): 1~8.

[149]邹厚远. 陕北黄土高原植被区划及与林草建设的关系[J]. 水土保持研究, 2000, 7(2): 96~101.

[150] Wall A, Westman C J. Site Classification of Afforested Arable Land Based on Soil Properties for Forest Production[J]. Canadian Journal of Forest Research, 2006, 36(6): 1451~1460.

[151]A. Capra, P. Porto, B. Scicolone. Relationships between Rainfall Characteristics and Ephemeral Gully Erosion in a Cultivated Catchment in Sicily (Italy) [J]. Soil & Tillage Research, 2009, 105: 77~87.

[152]Alkan Günlü, Emin Zeki Başkent, Ali İhsan Kadioğullari, et al. Forest Site Classification using Landsat 7 ETM Data: A Case Study of Maçka-Ormanüstü Forest, Turkey[J]. Environ Monit Assess, 2009, 151: 93~104.

[153]Altun L, Baskent E Z, Gunlu A, et al. Classification and Mapping Forest Site using Geographic Information System (GIS): A Case Study in Artvin Province[J]. Environment Monitoring and Assesstment, 2008, 137, 149~161.

[154]Barnes B V, Pregitzer K S, Spies T A, et al. Ecological Forest Site Classification [J]. Journal of Forestry, 1982, 80(8): 493~498.

[155]Bowling C, Zelazny V. Forest Site Classification in New-Brunswick[J]. Forestry Chronicle, 1992, 68 (1): 34~41.

[156]Brookes P C, Landman A, Pruden G, et al. Chlorform Fumigation and the Release of Soil Nitrogen: a Rapid direct Extraction Method to Measure Microbial Biomass Nitrogen in Soil[J]. Soil Biol. Biolchem, 1985, 17: 837~842.

[157]Burton V Barnes, Kurt S Pregitzer, Thomas A Spies, et al. Ecological Forest Site Classification[J]. Journal of Forestory, 1982, 80(8): 493~498.

[158]Capra A, Mazzara L M, Scicolone B. Application of the EGEM Model to Predict Ephemeral Gully Erosion in Sicily, Italy[J]. Catena, 2005 (59): 133~146.

[159]Capra A, Scicolone B. Ephemeral Gully Erosion in a Wheatcultivated Area in Sicily (Italy) [J]. Biosystems Engineering, 2002 (83): 119~126.

［160］Carnman W H. Forest Quality Evaluation in the US［J］. Advances in Agronomy，1975，27：209～260.

［161］Casalí J，López J J，Giráldez J V. Ephemeral Gully Erosion in Southern Navarra（Spain）［J］. Catena，1999（36）：65～84.

［162］Curt T，Bouchaud M，Agrech G. Predicting Site Index of Douglas-Fir Douglas fir Plantations from Ecological Variables in the Massif Central Rrea of France［J］. Forest Ecology and Management，2001，149（1～3）：61～74.

［163］Damman A W H. The role of Vegetation Analysis in Land Classification［J］. For Chron，1979，55：175～182.

［164］Daniel D Evans，John Thams. Water in Desert Ecosystems［M］. America：Academic Press，1981.

［165］Doran J W，Parkin T B. Defining and Assessing Soil Quality，In：Doran J Weds. Defining Soil Quality for A Sustainable Environment［J］. SSS A Spce. Publ. 35. SSS A and ASA，Madion，WI. 1994，3～21.

［166］Engstrom R，Hope A，Kwon H，et al. Spatial Distribution of Near Surface Soil Moisture and its Relationship to Microtopography in the Alaskan Arctic Coastal Plain［J］. Nordic hydrology，2005，36（3）：219～234.

［167］Fenli Zheng，Xiubin He，Xuetian Gao，et al. Effects of Erosion Patterns on Nutrient Loss Following Deforestation on the Loess Plateau of China［J］. Agriculture Ecosystems and Environment，2005，108：85～97.

［168］Hawkes J C，Pyatt D G，White I M S. Using Ellenberg Indicator Values to Assess Soil Quality in British Forests from Ground Vegetation：A Pilot study［J］. Journal of Applied Ecology，1997，34（2）：375～387.

［169］Hiramatsu Reiko，Kanzaki Mamoru，Toriyama Jumpei，et al. Open Woodland Patches in an Evergreen Forest of Kampong Thom，Cambodia：Correlation of Structure and Composition with Microtopography［M］. Forest Environments in the Mekong River Basin，2007：222～231.

［170］Hong Cheng，Xueyong Zou，Yongqiu Wu，et al. Morphology Parameters of Ephemeral Gully in Characteristics Hillslopes on the Loess Plateau of China［J］. Soil & Tillage Research，2007，94：4～14.

［171］Hong Cheng，Yongqiu Wu，Xueyong Zou，et al. Study of Ephemeral Gully Erosion in a Small Upland Catchment on the Inner-Mongolian Plateau［J］. Soil & Tillage Research，2006，90：184～193.

［172］Gang H U，Yongqiu W U，Baoyuan LIU，et al. The Characteristics of Gully Erosion over Rolling Hilly Black Soil Areas of Northeast China［J］. Journal of Geographical Sciences，2009，19：309～320.

［173］Louw J H，Scholes M. Forest Site Classification and Evaluateon：A South African Perspective［J］. Forest Ecology and Management，2002，171：153～168.

［174］Kikuchi T. Vegetation and Landforms［M］. Tokyo：University of Tokyo Press，2001，2～93.

［175］Kirkby M J，Bracken L J. Gully Processes and Gully Dynamics［J］. Earth Surface Processes and Landforms，2009，34（14）：1841～1851.

［176］Kovshar A F，Zatoka A L. Localization and Infrastrastructure of Pressves in the Arid Area of the USSR［J］. Probiemy Osvoeniya Pustyn，1991，155～161.

［177］Kurt S Pregitzer，Burton V Barnes. Classification and Comparison of Upland Hardwood and Conifer Ecosystems of the Cyrus H. Mccormick Experimental Forest［J］. Upper Michigan，Can. J，for. Res.，1984，14：362～375.

［178］Lentz R D，Dowdy R H，Rust R H. Soil Property Patterns and Topographic Parameters Associated with Ephemeral Gully Erosion［J］. Journal of Soil and Water Conservation，1993，48（4）：354～361.

［179］Lianjun Zhang，Chuangmin Liu，Craig J Davis，et al. Fuzzy Classification of Ecological Habitats from FIA Data［J］. Forest Science，2004，50（1）：117～127.

[180]Louw J H, Scholes M. Forest Site Classification and Evaluation: a South African Perspective[J]. Forest Ecology and Management, 2002, 171(1~2): 153~168.

[181]Louw J H, Scholes M C. Site Index Functions using Site Descriptors for Pinus Patula Plantations in South Africa [J]. Forest Ecology and Management, 2006, 225(1~3): 94~103.

[182]Marke Jensen, Roland L. Redmond, Jeffp Dibenedetto, et al. Application of Ecological Classification and Predictive Vegetation Modeling to Broad-Level Assessments of Ecosystem Health[J]. Environmental Monitoring and Assessment, 2006, 4: 197~212.

[183]Nachtergaele J, Poesen J, Steegen A, et al. The Value of a Physically Based Model Versus an Empirical Approach in the Prediction of Ephemeral Gully Erosion for Loess-derived Soils[J]. Geomorphology, 2001, 40 (3~4): 237~252.

[184]Nagamatsu D, Mirura O. Soil Disturbance Regime in Relation to Micro~scale Landforms and its Effects on Vegetation Structure in a Hilly Area in Japan. Plant Ecology, 1997, 133: 191~200.

[185]Okland Rune H, Rydgren Knut, Okland Tonje. Species Richness in Boreal Swamp Forests of SE Norway: The Role of Surface Microtopography[J], Journal of Vegetation Science, 2008, 19(1): 67~74.

[186]Pennock D J, Anderson D W, et al. Land Scape~scale Changes in Indicators of Soil Quality due to Cultivation in Saskatchewan, Canada[J]. Geoderma, 1994, 64: 1~19.

[187]Scull P R, Harman J R. Forest Distribution and Site Quality in Southern Lower Michigan, USA[J]. Journal of Biogeography, 2004, 31(9): 1503~1514.

[188]Sims R A, Uhlig P. The Current Status of Forest Site Classification in Ontario[J]. Forestry Chronicle, 1992, 68(1): 64~77.

[189]Steve Percy, Jane Lubchenco (Synthesis Team Co-chairs). Ecosystems and Human Well~being: Opportunities and Challenges for Business and Industry(Millennium Ecosystem Assessment) [M]. Island Press/MA web. org, Washington, DC. 2005.

[190]Svoray Tal, Markovitch Hila. Catchment Scale Analysis of the Effect of Topography, Tillage Direction and Unpaved Roads on Ephemeral Gully Incision[J]. Earth Surface Processes and Landforms, 2009, 34 (14): 1970~1984.

[191]Tesch S D. The Evaluationof Forest Yield Determination and Site Classification[J]. Forest Ecology and Management, 1980, (3): 169~182.

[192]Thomas A Spies, Burton V Barnes. A Multifactor Ecological Classification of the Northern Hardwood and Conifer Ecosystem of the Sylvania Recreation Area[J]. Upper Peninsula, Michigan, Can. J. For. Res, 1985, (15): 949~960.

[193]Thomas A Spies, Burton V Barnes. Ecological Species Groups of Upland Northern Hardwood-hemlock Forest Ecosystems of the Sylvania Recreation Area[J]. Upper Peninsula, Michigan, Can. J. For. Res, 1985, (15): 961~992.

[194]Valcárcel M, Taboada M T, Paz A, et al. Ephemeral GullyEerosion in Northwestern Spain[J].. Catena, 2003, (50): 199~216.

[195]Valentin C, Poesen J, Li Y. Gully Erosion: Impacts, Factors and Control[J]. Catena, 2005, 63(2/3): 132~153.

[196]Vanwalleghem T, Van Den Eeckhaut M, Poesen J, et al. Characteristics and Controlling Factors of old Gullies under Forest in a Temperate Humid Climate: A Case Study from the Meerdaal Forest (Central Belgium) [J].

Geomorphology, 2003, 56(1/2): 15~29.

[197] Walter V Reid, Harold A Mooney, Angela Cropper, et al(Core Writing Team). Ecosystems and Human Well‐being: Synthesis (Millennium Ecosystem Assessment) [M]. Island Press, Washington DC. 2005, 1~24

[198] Wang G G. Use of Understory Vegetation in Cassifying Soil Moisture and Nutrient Regimes[J]. Forest Ecology and Management, 2000, 129(1~3): 93~100.

[199] Wilson S McG, Pyatt D G, Ray D, et al. Indices of Soil Nitrogen Availability for an Ecological Site Classification of British Forests[J]. Forest Ecology and Management, 2005, 220(1~3): 51~65.

[200] Wilson S McG, Pyatt D G, Malcolm D C. The Use of Ground Vegetation and Humus Type as Indicators of Soil Nutrient Regime for an Ecological Site Classification of British Forests[J]. Forest Ecology and Management, 2001, 140 (2 –3): 101~116.

[201] Wu Yongqiu, Zheng Qiuhong, Zhang Yongguang, et al. Development of Gullies and Sediment Production in the Black Soil Region of Northeastern China[J]. Geomorphology, 2008, 101 (4): 683~691.

[202] Yang Kai, Ma Ying, Gu HuiYan, et al. Site Classification of the Eastern Forest Region of Daxing´an Mountains[J]. Journal of Forestry Research, 1999, 10(2): 129~131.

[203] Yongguang Zhang, Yongqiu Wu, Baoyuan Liu, et al. Characteristics and Factors Controlling the Development of Ephemeral Gullies in Cultivated Catchments of Black Soil Region, Northeast China[J].. Soil & Tillage Research, 2007, 96: 28~41.

[204] Yongqiu Wu, Qiuhong Zheng, Yongguang Zhang, et al. Development of Gullies and Sediment Production in the Black Soil Region of Northeastern China[J]. Geomorphology, 2008, 101: 683~691.

[205] Zhang X Q. Advances of Quality Evaluation of Forest Site in China[J]. Interciencia, 1994, 19 (6): 302~304.

[206] Zhang Yongguang, Wu Yongqiu, Lin Baoyuan, et al. Characteristics and Factors Controlling the Development of Ephemeral Gullies in Cultivated Catchments of Black Soil Region, Northeast China[J]. Soil & Tillage Research, 2007, 96 (1~2): 28~41.

[207] Zhang Yugui, Frank Beernaert. Intrpretation and Complilation of Landsdat TM Imagery for Land-use and Site Classification Mapping in the Korqin Sandy Lands, NE China[J]. Chinese Forestry Science and Technology, 2002, 1(3): 6~19.

后 记

　　著作即将出版，内心无比高兴和忐忑。高兴的是，在北京林业大学朱清科教授的资助和精心指导下，在吴起县林业局吴宗凯、刘广亮、雷明军、穆建华等领导的全力支持下，在刘中奇、秦伟、安彦川、赵磊磊、路保昌、方斌、朱松、冯愿楠、卜楠、赵荟、王蕊、王晶、邝高明、周泽园、马浩、李安怡、罗在燃、颉登科、刘志丹等的帮助下，专著终于可以面世了。在此，衷心感谢在外业调查和内业分析过程中给予我无私指导和帮助的各位领导和朋友们。忐忑的是，微地形分类体系和植被配置研究是件新生事物，黄土丘陵沟壑区严重的水土流失，导致区域内微地形千变万化。由于时间仓促，作者水平有限，书中不免会有欠妥之处，敬请读者批评指正。

作　者
2015.11.20

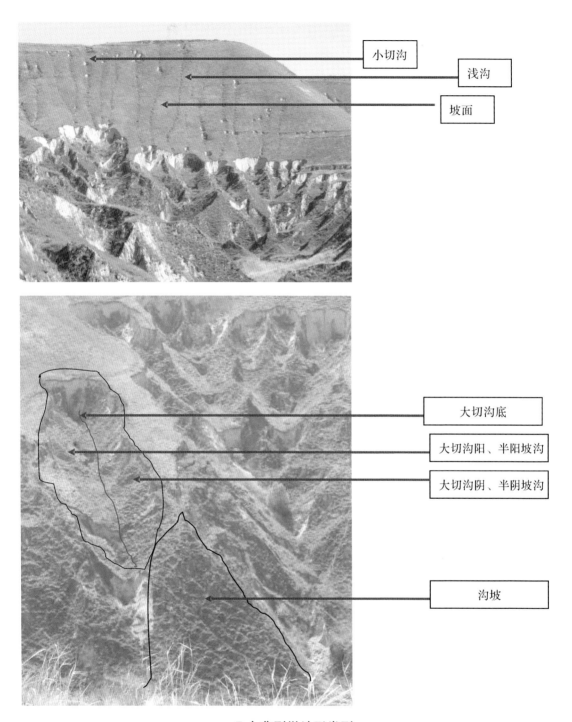

小切沟

浅沟

坡面

大切沟底

大切沟阳、半阳坡沟

大切沟阴、半阴坡沟

沟坡

7 个典型微地形类型

（a）细沟

（b）浅沟、小切沟和切沟

（c）大切沟（沟底、坡面）

（d）小切沟群

（e）单独的小切沟

（f）大切沟和沟坡

微地形类型

封育10年的浅沟、切沟、自然植被及其自然景观(2008年10月)

（a）峁坡灌木及大切沟底乔木

（b）小切沟扁合木灌木

（c）大切沟生长灌木扁合木

（d）大切沟底生长河北杨乔木

（e）支沟生长的河北杨

各种微地形的植被